JN209103

まえがき

光ファイバを用いた大容量通信はインターネットや半導体LSIと並んで、今日のグローバルスケールでの情報化社会の進展に大きく貢献した中核的な技術である。光ファイバの低損失性と広帯域性が早くから着目され、それを活かした長距離伝送システムの研究が先行的に進められた。その中でも情報通信のグローバル化を大きく促した光海底ケーブルシステム、あるいはネットワークの開発成果はこの分野の技術の粋を集める内容であったため、世界的な注目を浴びる中で大躍進を遂げた。

本書は光海底ケーブル分野の研究開発と事業に長年携わった筆者らの経験をもとに長距離大容量光ファイバ通信システムについてまとめたものである。この分野の技術革新を進める上で重要だったのは技術そのものだけではなく、その大容量を絶え間なく求め続けた新たなニーズの出現でもあった。そこでこのような背景についても第1章の長距離大容量光ファイバ通信の変遷の説明の中で紹介する。第2章で光ファイバ通信の要素技術を簡潔に説明した後、第3章以降では、光再生中継方式から光増幅中継方式への移行、そして本格的な大容量伝送をもたらした波長多重、光ファイバ分散制御、ディジタルコヒーレントなどの技術について記載し、最後に新たな技術としての空間多重光伝送方式について詳述する。

本書の執筆に当たり、そのきっかけを与えて下さった末松安晴先生（東工大栄誉教授、元学長）、ならびに発行を快くお引き受け下さったオプトロニクス社の三島滋弘編集長はじめ関係の方々に感謝する。

2019年7月　著者一同

目 次

第1章　長距離通信技術の変遷

第2章　光ファイバ通信システムの要素技術

第3章　再生中継方式による長距離光ファイバ通信システム

第4章　光増幅中継方式による長距離光ファイバ通信システム

第5章　非線形性を考慮した分散制御方式による高速・長距離光ファイバ通信システム

第6章　波長多重方式による長距離大容量光ファイバ通信システム

第7章　ディジタルコヒーレント方式による長距離大容量光ファイバ通信システム

第8章　空間多重光伝送技術

第1章

長距離通信技術の変遷

1 国際通信の100年

長距離通信技術がこれまでどのような変遷をたどってきたかについて、長く海底ケーブル分野の研究開発と事業に携わった経験をもとに海底ケーブルの視点から概観する。

ケーブルを海底に敷設して通信を行う技術は特異な分野と言って良い。陸上と環境が大きく異なるため、ケーブルや中継器の設計・製造と敷設に高度な技術が要求される。また修理の困難性から非常に高い信頼性が要求される。そんな中で江戸時代末期の1851年には英仏ドーバー海峡に最初の海底ケーブルが敷設されており、150年以上の歴史を持つ。**図1-1**は1900年頃からの100年間について太平洋横断通信にスポットを当てたものであるが、1900年以前のドーバー海峡ケーブルや最初の大西洋横断ケーブルなども参考のために欄外に記載した。モールス符号による電信ケーブルに続いて1891年には電話のケーブルが敷設されている。太平洋では1906年に東京-グアム間の電信ケーブルが建設されたが、その後の大陸間通信の主役は人工衛星を中継器として使う衛星無線通信に移った。1964年になって同軸ケーブルと真空管増幅器を用いた海底中継器による第1太平洋横断ケーブル（Trans-Pacific Cable-1、TPC-1）が完成し、100人程度の人が同時に音声で話ができるようになった。折しも東京オリンピックが開催された年であるが、重要な映像の伝送についてはまだ衛星通信に頼らざるを得ず、1989年の光ファイバを用いた第3太平洋横断ケーブル（TPC-3）の登場を待つことになった。

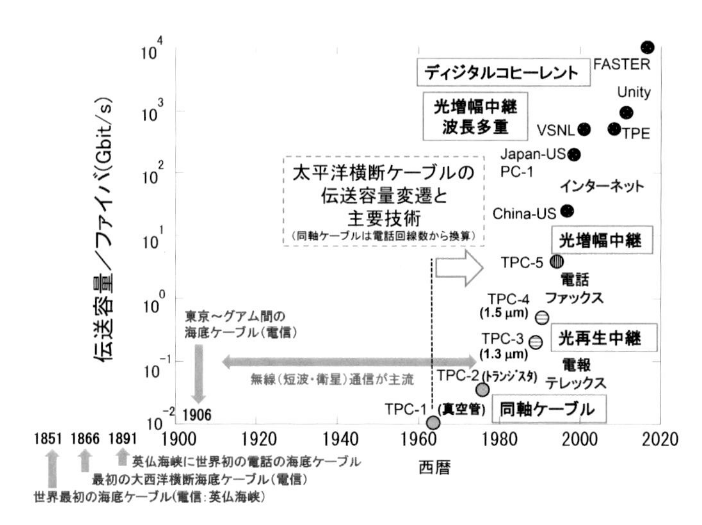

図1-1：太平洋横断通信にみる長距離伝送技術の変遷

光ファイバが登場してからの伝送容量の増大は目を見張るものであった。10年で1,000倍、平均すると毎年2倍ずつ増えていったことになる。海底ケーブルに関してもう一つ重要な側面は技術革新を絶え間なく求めたニーズの変遷であった。通信を取り巻く社会的背景の変遷である。まず、1.3μmのレーザを用いた最初の光海底ケーブルTPC-3は1989年に建設された。ファイバ当たりの伝送容量が280Mbit/sでそれまでの同軸ケーブルとは比べものにならないほど広帯域であったため、これで20世紀末までは新しいケーブルはもう要らないと言われた。しかし、日米間の電話需要が大きく伸びたため、完成してほどなく容量は逼迫し、TPC-4が必要になった。1.5μmの単一波長レーザの使用により、伝送容量はファイバ当たり560Mbit/sと倍増し、中継間隔が50kmから138kmと飛躍的に伸び日米直結のケーブルが初めて実現した。これで当面はもう新しいケーブルは要らないとされた。しかし、1992年の建設直後からトラフィック需要が再び大きな増大を見せた。国際電話に加えて国際ファックスの需要が非常に大きくなったためである。

1990年頃になると、光再生中継方式とは全く異なる光増幅方式が実用化された。光ファイバのコア部分にエルビウムをドープし、これを0.98μmや1.48μmの強い光で励起すると1.5μm帯で増幅作用を持つことを利用したものである。このような増幅を数10kmおきに繰り返すことによって、太平洋横断の9,000kmを再生中継することなく伝送できるようになり、ビットレートはTPC-4の8倍にあたる5Gbit/sへと大容量化された。光増幅中継を用いたTPC-5ケーブルネットワークは北ルートと南ルートのケーブルがリング上に構成され、それぞれがバックアップするリングネットワークとして建設された。今度こそは未来永劫新たなケーブルは不要と思われた。国際電話とファックスだけであればそうだったかも知れない。

しかし、予想はまたもや覆された。インターネットの勃興である。しかもインターネットトラフィックは爆発的な伸びを見せ、新たなケーブルがいくつあっても足りないような状況を作り出した。その需要に応えるべく波長多重伝送技術、ディジタルコヒーレント技術が実用化され、まさに需要と供給がかみ合って飛躍的な伸びを見せ、TPC-1から最新のFASTERケーブル（ファイバ当たり10Tbit/s）までに伝送容量は6～7桁増大するに至った。

海底ケーブル開通時の最初のメッセージ交換者とICT普及度の関係
（メッセージ交換者地位とICTの普及度合は反比例）

太平洋横断海底ケーブルにおける最初のメッセージ交換者を時代とともに振りかえってみる。

明治時代：1906年の日米間電信ケーブルの開通式は、明治天皇陛下とルーズベルト大統領が祝電を交換されている。電信ケーブルのため、電話換算では1回線に満たない。

昭和時代：東京オリンピックのあった1964年の同軸ケーブルによる太平洋横断光海底ケーブルTPC-1の開通式では、池田首相とジョンソン大統領との間で電話によるメッセージの交換が行われた。TPC-1は、アナログで138電話回線である。

平成時代：1989年の初めての太平洋横断光海底ケーブルTPC-3は、当時の国際電信電話株式会社とAT&Tの民間会社の幹部間でのメッセージ交換である。回線数は、9,000である。2016年のFASTERでは、担当者間の事務連絡とのことである。この時の回線数は、なんと10億近く、日本の人口をはるかに超えている。

以上を見てみると、誰と誰が最初にコミュニケーションをしたかを見れば、ICT普及の度合いがメッセージ交換者の地位と反比例することに気付く。1回線未満なら、天皇陛下であろうし、100人くらいを対象とした高価で貴重なものなら、首相かもしれない。10億人のコミュニケーション手段なら、会社の担当者は極めて妥当であろう。

では令和時代は？ ICTの急速な普及を考えると、次世代の光海底ケーブル（今の100倍の1,000億回線相当を想定）の開通時にメッセージ交換をするのは、もはや人ではなく、間違いなくAIマシーンであろう。

2　陸上光通信システムと光海底ケーブルシステム

1.2.1　信号伝送距離

長距離通信あるいは伝送と言った場合、送信端局と受信端局との距離が長い場合を言う。陸上の例では大都市間である。日本で言えば東京-名古屋間、名古屋-大阪間などである。距離にして数100km、高々1,000kmであろう。一方、**図1-2-1**に示したような海底ケーブルシステムになると、陸揚げ端局間が大洋を横断する距離に達する。日本-米国間で約9,000km、中国-米国間やフィリピン-米国間となると12,000kmにも及ぶ。当然、距離が長いほど技術的難易度は上がり実現するための技術も高度になる。いわゆる“技術の粋”を結集することになる。

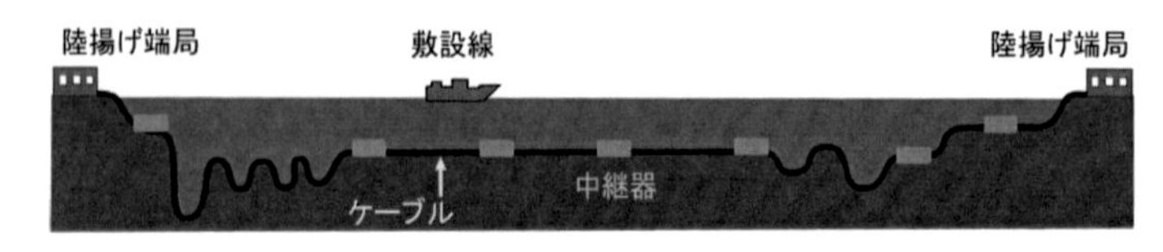

図1-2-1：海底ケーブルシステムの模式図

1.2.2 システムに占める中継伝送コストと端局コスト

最近の波長多重伝送の進歩により、1本の光ファイバで伝送する波長数が増えている。波長多重伝送するためには光ファイバや中継器にも高度な仕様が要求されコストが上がるが、波長数に比例するわけではない。建設時に設計された波長数を超えて“波長数のアップグレード”が行われることがあるが、光ファイバや中継器からなる中継伝送系の中身は変えずに、すなわち中継伝送系のコストを増やすことなく行われることが多い。一方で波長数が増えると端局に設置する送信機や受信機の数は波長数だけ必要となるため、端局コストは波長数に応じて増える。端局には送受信機以外にも様々な装置があるため、端局コストが波長数にそのまま比例するわけではないが、波長数に比例したコスト増大が生じる。また、その分の設置面積、フロアスペースも大きくなる。場合によっては新たな局舎が必要になる場合も生じる。陸上システムでは波長数を増やすか、光ファイバや中継器を増やすかについて議論になる。特に新規に建設する場合などは伝送する距離や将来必要となる伝送容量などを勘案した上で慎重に決める必要がある。しかし、海底ケーブルの場合は、ケーブルに収容できるファイバ数に上限があり、波長数を増やすインセンティブのほうがはるかに大きい。

1.2.3　電力供給

陸上システムでは電力の供給は比較的容易である。電力が必要な装置類は電力が供給されるところに設置すると言ってもよい。海底ケーブルシステムでは中継器が使用する電力はケーブルを通して供給される。**図1-2-2**は光海底ケーブルの写真と断面構造を示したものである。中継器が必要とする電流は通常1A程度の場合が多い。その電力供給のためにチューブ状の給電用銅が導体として用いられ、現状のケーブルでは0.7Ω/km程度の抵抗になる。仮にシステム長が太平洋横断の9,000kmだとすると、オーム損による電圧降下が6,300Vにもなる。これに中継器作動用の電圧が加わる。システム長が9,000kmで中継器間隔が50kmだとすると180台の中継器が必要である。各中継器の所要電圧が20Vとすると180台では3,600Vで、その際端局に設置する電力給電装置の電圧は9,900Vに達する。

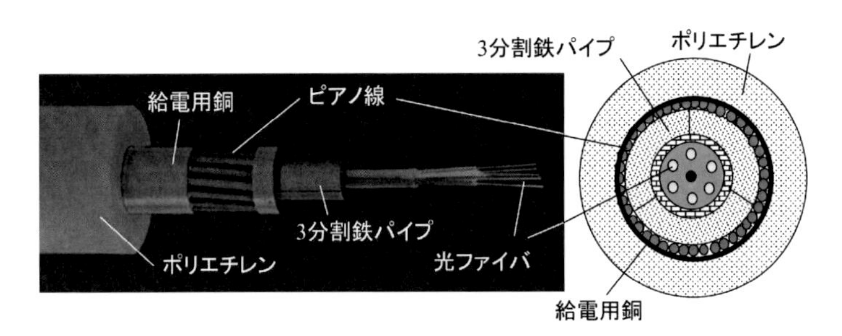

図1-2-2：光海底ケーブルの外観写真と内部断面構造

ケーブルのオーム損を低減するために給電用銅の厚さを増やすことも考えられるが、そうするとケーブルの重量と直径が大きくなりケーブルや敷設のコストの増大を招くため好ましくない。**図1-2-2**のポリエチレンは給電用銅と海水との絶縁のために用いられる。

1.2.4　敷設環境

陸上のケーブルは基本的に保護された管路やダクトに敷設・設置される。一方、海底ケーブルは文字通り海底に敷設される。太平洋横断では最も深い日本海溝（約8,000m）を横断するため、水圧が800気圧に達する。中継器はなるべく最深部を避けるように設置されるが、ケーブルは最深部にも設置され最大で800気圧が加わる。**図1-2-2**の3分割鉄パイプがその高圧に耐えるようになっている。また、海底ケーブルの敷設は専用の船を用いて行われるが、その際にケーブルにトンオーダーの大きな張力が加わる。その張力に耐えられるようにピアノ線がらせん状に巻かれている。

1.2.5　信頼性

通信システムは長期間にわたって24時間連続動作である。そのため、使用する機器や部品には高信頼性が要求され故障頻度は極めて低いがゼロではない。万一故障した際、陸上システムでは修理や交換が比較的容易であるのに対して、海底ケーブルシステムでは大きな困難を伴う。従って、システムの運用期間、例えば25年間で修理回数が3回以下といった厳しい信頼度設計がなされる。

第2章

光ファイバ通信システムの要素技術

本章では、長距離光ファイバ通信システムで必要となる要素技術について概説する。強度変調/直接受信（Intensity modulation-Direct Detection：IM-DD）方式を用いた光ファイバ通信システムの基本構成を**図2-1**に示す。送信側では、送信元情報である低速信号を時分割多重（Time Division Multiplexing：TDM）回路により高速のデジタル電気信号に多重化する。長距離光ファイバ通信システムでは、光ネットワークの標準信号フォーマットであるOTN（Optical Transport Network）の階梯に従い、通常、4の倍数（例えば、150Mbit/sから600Mbit/s、2.4Gbit/s等）で多重化・高速化される。光送信器部では電気信号で半導体レーザを駆動し光信号に変換する。光信号生成には光変調器を用いる場合もある。送信光は、光ファイバ伝送路の損失により減衰した光を光中継器により光信号レベルを元の状態まで復元し、次の光ファイバ区間へ送出する。光中継器には、光-電気-光変換により光信号を再生する再生中継器と、光信号を光領域で直接増幅する光増幅中継器とがある。受信器側では、フォトディテクタにより伝送された光信号を電気信号に変換し、TDM分離回路により低速電気信号へ分解し送信先へ情報を伝達する。

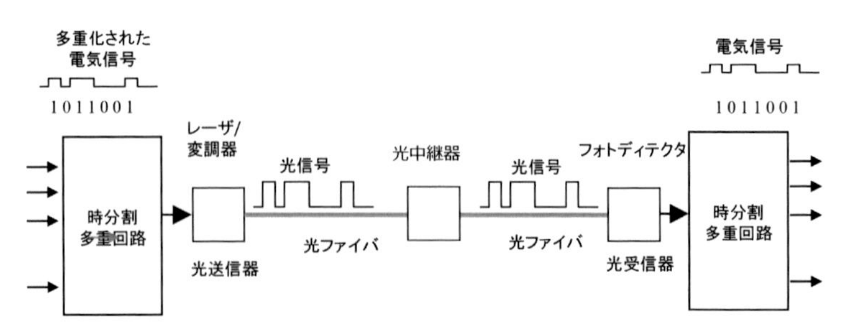

図2-1：光通信システムの基本構成

光ファイバ、半導体レーザ、光変調器、フォトディテクタなどの要素技術は、光通信システムの高速・大容量化のニーズにあわせて技術革新が繰り返されている。1960年代のレーザの発明（Charles H. Townes, Nicolay G. Basov, Aleksandr M. Prokhorov、1964年ノーベル物理学賞）と光ファイバの発明（Charles. Kao、2009年ノーベル物理学賞）により光通信が幕を開けたが、1970年に、半導体レーザの室温連続発振（Izuo Hayashi and Morton B. Panish（AT&T Bell Lab.)、APL, p.109、1970）と低損失光ファイバ（20dB/km@632.8nm）（ F. P. Kapron et al.（Corning)、APL, p.423,1970）が同時に実証されたため、1970年が光通信の実際の始まりと言われている。

表2-1は、各要素技術がどのような観点から進化してきたかをまとめて示している。

光ファイバは、1970年代は、空間モードの制御と損失の制御、80年代は波長分散の制御、光増幅器登場後の90年代からは、非線形性の制御が課題となり、各種の光ファイバが研究・開発された。最近では、将来ファイバとして、再度モード制御やマルチコアの光ファイバが研究されている

光デバイス技術の進展を見ると、半導体レーザは70年代から80年代にかけ、光ファイバの最低損失に合わせた発振波長帯の制御（0.8μm、1.3μm、1.55μm波長帯）が課題であり、その後は、光ファイバの波長分散を考慮した発振モードの制御（単一モードレーザ）や発振波長の可変制御等が研究開発されている。光ファイバの波長分散の関係から、変調時のスペクトル広がりも課題となり80年代から90年代にかけて、レーザの直接変調に代わる外部変調器が研究開発された。フォトディテクタは、光通信の波長帯に合わせて半導体を用いるPINフォトダイオードと受信感度に優れたアバランシェフォトダイオードが開発された。

中継方式は、再生中継から光増幅中継方式に代わり、90年代に光増幅器が出現した後は、多重化方式がTDMから波長多重（Wavelength Division Multiplexing）へ移行し、システム容量は急激に大容量化された。最近では、送受信方式が強度変調/直接受信（IM-DD）に代わり、無線と同様に、光の位相も直接検波できるコヒーレント受信が可能となったことから、直交振幅領域での多重化（多値化）により更に容量は増加し、将来技術としてでは空間多重も検討されている。

次節以降では、各要素技術の概要を述べる。

表2-1：光通信要素技術の進展

	1970 1980 1990 2000 2010 2020 黎明期(Mbps) 発展期(Gbps) 成熟期(Tbps) (次世代(Pbps))
光ファイバ	伝搬モード/損失 制御 分散制御 非線形制御 マルチモード (マルチモード/マルチコア) シングルモード 分散シフト ノンゼロ分散シフト・分散補償 低非線形
レーザ 受光素子	波長制御 発振モード制御 0.8μm 1.3μm 1.5μm単一波長 波長可変 PINフォトダイオード アバランシェフォトダイオード
多重方式 変調方式	時分割多重 波長分割多重 直行振幅多重 (空間分割多重) 強度変調/直接受信 直接変調(強度) 外部変調 作動位相変調/直接受信 ベクトル変調(多値)/コヒーレント受信
光中継	再生中継 光増幅中継

【参考文献】

(1) 末松康晴、伊賀健一：「光ファイバ通信入門」改訂5版、オーム社、2018

1 光ファイバ

2.1.1 マルチモードファイバとシングルモードファイバ

光ファイバは、光通信システムの伝送媒体であるため、光通信システムにおける最も重要な要素技術である[(1)]。それまで、同軸ケーブルを使用していた有線通信システムは、低損失な光ファイバの出現により、格段に長距離化が図られた。光ファイバの理論は、Charles Cao氏により1966年に提唱され、1970年にコーニング社が当時としては低損失な20dB/kmの損失を有する光ファイバを実現した後、急激に技術が進展した。

光ファイバは**図2-1-1**にように、屈折率の高いコア部分とそれを取り囲む外径125μmのクラッドから構成されている。コアの屈折率と、クラッドの屈折率の差は、約0.3～1%程度で、この屈折率差によりコアに光が閉じ込められて伝搬する。光ファイバ中の光波の伝搬は、波動方程式で表現されるが、簡単のために、**図2-1-1**に示すような光線モデルで表される場合がある。ここで、コア内に閉じ込められ伝搬する光は、入射角が全反射角以下の光線に限られる。

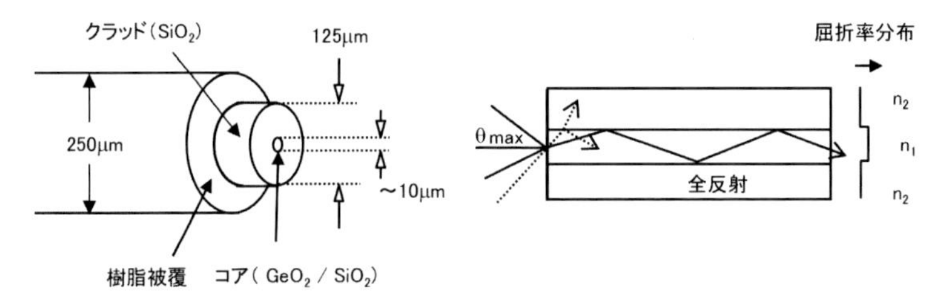

図2-1-1：シングルモードファイバの構造と導波原理

光ファイバの種類は、コア径が約50μmのマルチモードファイバ（Multi-mode fiber：MMF）と10μm程度のシングルモードファイバ（Single-mode fiber：SMF）に大別される（**図2-1-2**参照）。MMFにおいては、コア内の空間的な光の分布が異なる複数の伝播モードが存在し、伝搬速度がモード毎に異なり（モード分散）、かつ、各モードの配分が時間的に変化する（モード競合）。モード競合は、受信波形の時間的変動を招き、モード分散は受信波形の広がりをもたらすため、長距離伝送や高速信号の伝送には不向きである。MMFは、コアの屈折率分布形状によりステップインデクス（SI）MMFとグレーデッドインデックス（GI）MMFがあり、後者の方がモード分散を小さくするよう設計されている。SMFでは伝搬モードは1つしか存在できないため、モード分散は存在しない。

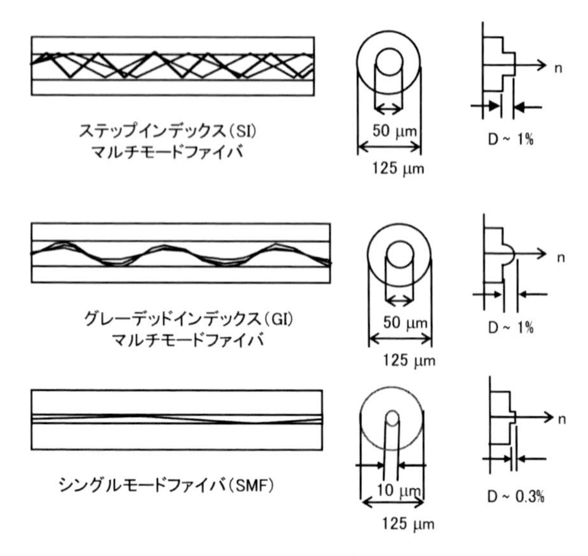

図2-1-2：光ファイバの種類

2.1.2 SMFの基本的な特性

(1) 損失特性

図2-1-3に光ファイバの損失の波長依存性を示す。光ファイバの損失は、吸収損失と散乱損失に分けられる。吸収損失には、材質に起因した紫外吸収と赤外吸収による固有損失と、遷移金属やOH基（1.4μm波長帯）による不純物に起因した外部要因による損失がある。一方、散乱損失としては、ガラス状に起因するレイリー散乱と製造にともなうコア部とクラッド界面の不整、気泡の混入などの外的要因に分けられる。レイリー散乱は、光の波長の4乗に反比例する。光ファイバ通信の波長帯は、当初は0.8μm帯が使用されていたが、光ファイバの外的要因による損失を除去し性能が向上するのに従い1.3μm帯へシフトし、現在は、最低損失波長帯である1.55μm波長帯で損失0.2dB/km以下となる光ファイバが一般的に使用されている。通常のSMFはGeをコアにドーピングして屈折率を高くするが、コアは不純物のない純粋なSiO_2として、フッ素をクラッドにドーピングすることでクラッドの屈折率を下げて、低損失化するピュアシリカコアファイバも

作製されている。この光ファイバは、中継器内で光・電気・光変換を行う再生中継システムでは、中継間隔を拡大しシステムを経済化する上では極めて重要で、1.55μm帯の初期の光海底ケーブル（TPC-4）等に採用されている。最近では、コアにもフッ素をドーピングして更に低損失化を図り、ほぼ理論限界の0.142dB/km程度の極低損失の光ファイバも開発されている。

光ファイバの低損失化は、再生中継システムでは、中継間隔の延伸のために重要であったが、光増幅中継システムでは、後述するように、同じ中継スパンであっても入力パワーを下げることができるため、光ファイバの非線形効果の抑制にも重要で、現在でも重要な研究開発テーマである。

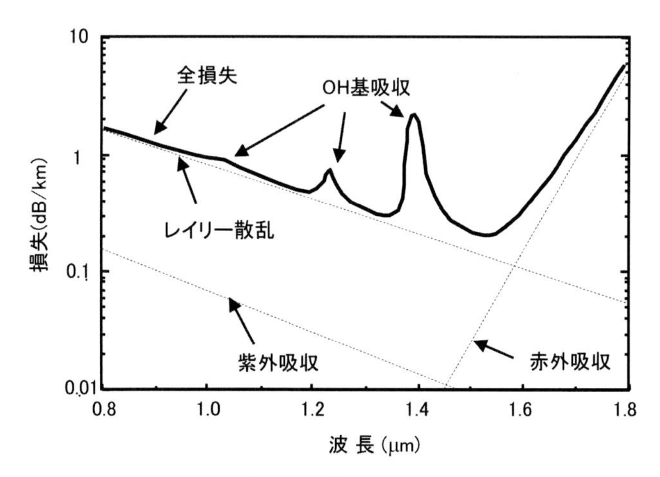

図2-1-3：光ファイバの損失の波長依存性

(2) 波長分散特性

光ファイバのもう一つの代表的な特性は波長分散特性である。**図2-1-4**に各種の光ファイバの波長分散の波長依存性を示す。波長分散は、ガラス固有の材料分散とコア形状などで決まる構造分散（導波路分散）によって決まる。波長分散Dの単位は（ps/nm/km）で表される。例えば、波長が1nm離れた2つの光が、1kmの光ファイバを伝送した後に、波長ごとの時間差が何psになるかを表す。

長距離伝送や高速伝送では、波長分散があると受信光信号の時間的な広がりが生じるため、光源の変調時のスペクトル幅を狭くするか、光ファイバの波長分散を小さくし、波形歪を小さくすることが重要である。通常のSMFは、1.3μm帯では、D＝〜0ps/nm/kmであり、1.55μm帯ではD＝〜18ps/nm/kmである。1.3μm波長帯での通信では、波長分散がゼロであるため、光源のスペクトル広がりは問題とならず、多波長で発振するファブリペローレーザ等を使用しても問題はなかったが、より低損失な1.55μm帯で長距離通信や高速通信を行う場合には、光源にスペクトル広がりがあると波長分散が大きな問題となる。波長分散の影響を避けるため、光ファイバのコアの屈折率分布を変えて（例えば階段状）構造分散をマイナスにして材料分散を打ち消し、ゼロ分散波長を1.55μm波長帯にシフトした分散シフトファイバ（Dispersion shifted fiber：DSF）が開発された。これにより、1.55μm帯の長距離・高速通信が可能となったが、後に述べるように、波長多重システムでは、完全なゼロ分散は、非線形効果による波形の劣化の影響が大きくなることが判明し、1.55μm帯で、波長分散値が±2〜4ps/nm/km程度となるノンゼロDSF（Non-zero DSF：NZ-DSF）が開発された。

光伝送システムでは、光ファイバの波長分散値Dが距離Lとともに累積するため、受信側では大きな分散補償が必要となる。それを避けるために、一定区間ごとに、累積分散値が-DLになるような光ファイバを挿入し分散補償を行うのが一般的である。その目的で、1.55μm帯で、-20〜100ps/km/nmの負分散を持つ分散補償ファイバ（Dispersion Compensation fiber：DCF）も開発されている。

光ファイバの波長分散に関連したもう一つの重要な特性は、波長分散の波長依存性を表す分散スロープである。分散スロープの単位は、（ps/nm^2/km）で表される。波長多重システムでは、分散スロープの影響により中心波長とそれ以外の波長で波長分散が異なるため、広帯域な波長多重システムでは、波長ごとに均一な伝送特性が得にくくなる。

これを抑制し、波長依存性の少ない伝送特性を得るには分散スロープの小さい光ファイバや分散フラットファイバが重要となる。

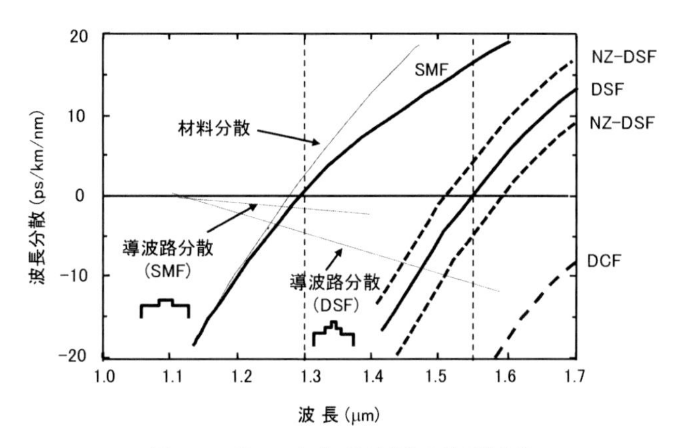

図2-1-4：光ファイバの波長分散の波長依存性

(3)　偏波モード分散特性

光ファイバ中を伝搬する異なる偏光を持つ光が異なる速度で伝搬する現象を、偏波モード分散（Polarization Mode Dispersion：PMD）と呼び、単位は、ps/$\sqrt{\text{km}}$で表される（**図2-1-5**参照）。これは、コア径の真円からのずれや製造時に発生する内部応力ひずみ、または、不均一な外部応力ひずみに起因する。PMDによる偏波間の伝搬遅延時間差（Differential Group Delay：DGD）は、外乱（温度・振動等）により変動するため、PMDの大きい光ファイバを用いると受信波形の時間変動や波形広がりが生じ、高速信号伝送や長距離伝送が制限される。開発当初の光ファイバのPMDは比較的大きな値であったが、現在は、0.2ps/$\sqrt{\text{km}}$以下が一般的である。

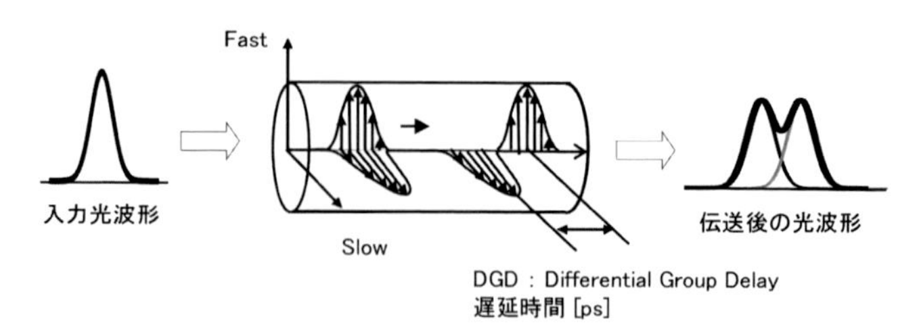

図2-1-5：光ファイバの偏波モード分散

(4)　曲げ特性

光ファイバを曲げた時に光をコアの部分に十分閉じ込められなくなり損失となる特性を、マクロベンディング特性と呼ぶ。マクロベンディング特性は、例えばコアとクラッド間の屈折率差を大きくし、コア内への光の閉じ込めを大きくすることで抑制することができる。一方、次節で述べる非線形光学効果を抑制するためには、コア径を拡大したり、コアとクラッドの屈折率差を小さくしコア内の光閉じ込めを弱くする必要があるため、マクロベンディングは増加する傾向がある。そのため、両者を考慮した光ファイバの設計が重要である。またマクロベンディング特性には、波長依存性があり、長波長の方が曲げに弱く曲げ損失が大きくなるため、1.6μm帯を使用するLバンドのシステムでは注意を要する。そのほか、光ファイバの導波路設計以外に被覆材の特性に依存して、周りからの不均一な圧力などにより光の閉じ込めが劣化するマイクロベンディング特性がある。

2.1.3　SMFの非線形特性

光ファイバの非線形現象は、光の強さに応じて光ファイバの特性（屈折率など）が変わる現象であるが、絶対値は小さいため、中継間隔が100km程度で一度電気に変換し光を再生する再生中継方式では、大きな問題とはならなかった。しかしながら、光増幅器の出現により、送信器から送出される光が、光ファイバによる減衰と光増幅器による増幅を繰り返し、数100kmから1万kmの長距離をそのまま伝送されるようになると、石英ガラスそのものは低非線形でたとえその絶対値が小さくとも、非線形現象が距離とともに累積するため、大きな問題となってきた。

一般に、非線形光学効果は[2]

$$P = x^{(1)}E + x^{(2)}E^2 + x^{(3)}E^3 + \ldots \qquad (2.1.1)$$

で表される。ここで、Eは光電界、$x^{(1)}$は屈折率や吸収係数などの線形感受率、$x^{(i)}$（$i \geqq 2$）が非線形感受率である。

光ファイバにおける主要な非線形光学効果は、光ファイバの2次の非線形効果である非線形屈折率による

①自己位相変調効果（含、相互位相変調効果）

3次の非線形効果による

②四光波混合効果

並びに、光ファイバ誘導散乱による

③誘導ラマン散乱効果

④誘導ブリルアン散乱効果

である。以下に、各非線形光学効果の概要を示す。

（1）　自己位相変調/相互位相変調

光ファイバ非線形光学効果（カー効果）は、ガラスの屈折率が、光パワー（エネルギー密度）に依存して、わずかに変化する現象であり、以下のように表される。

$$n = n_0 + n_2 \cdot |E|^2 \qquad (2.1.2)$$

$$|E|^2 = P / A_{eff} \qquad (2.1.3)$$

ここで、nは屈折率、n_0線形屈折率、n_2は非線形屈折率、Pは光パワー、A_{eff}はコアの実効断面積を表す。また、光ファイバの非線形の大きさを表す指標である非線形係数γは

$$\gamma = \frac{2\pi}{\lambda} \cdot \frac{n_2}{A_{eff}} \qquad (2.1.4)$$

で表される。ここで、λは光の波長を表す。

自己位相変調（Self Phase Modulation：SPM）は、光強度の変化により生じる位相変調である。**図2-1-6**に示す光パルスの場合、光パワーが大きい光パルスの中央部でカー効果により屈折率が増加するため、そこでの位相遅れは大きくなる。位相の変化を微分すると、瞬時周波数に変換され、この場合は、信号の立ち上がり部では中心周波数よりも低い周波数成分（長波長成分）、立ち下がり時には、高い周波数成分（短波長成分）が新たに生成され、周波数チャープが生じることがわかる。高速信号ほど、立ち上がり／立ち下がりが急峻になるため、このSPMによる周波数チャープは大きくなる。

相互位相変調（Cross Phase Modulation：XPM）は、他の波長の光信号が、自身の光信号と時間的に重なったときに合成された光信号の強度が変化することにより生じる位相変調である。波長分散が小さい、もしくは、信号波長間隔が狭い（i.e. 高密度波長多重伝送）と、隣接波長の光パルスの相対的位置関係が長距離にわたって維持されるのでXPMの影響が大きくなる。

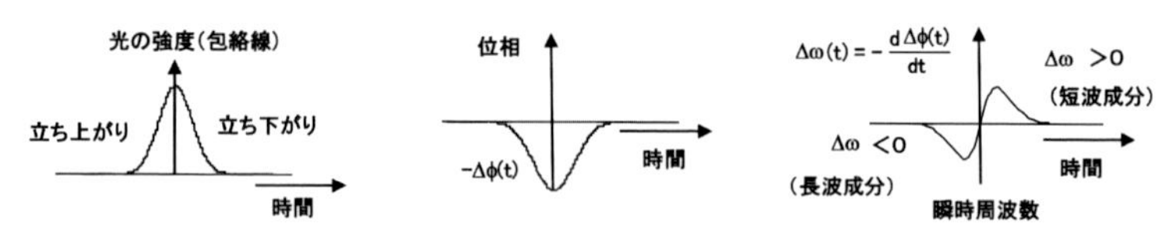

図2-1-6：自己位相変調

(2)　四光波混合

四光波混合（Four Wave Mixing：FWM）は、三次の光学的非線形性から生じる非線形効果である。2つの異なる波長の信号が光ファイバを伝搬すると、2波長間のビート信号（周波数：f_2-f_1）により屈折率変調が生じ、**図2-1-7**に示すように、2波長の両サイドに2つの新たな周波数成分が生成される。光信号が等間隔の周波数に配置される波長多重伝送ではFWM光が信号光のクロストークとなり、信号品質を劣化させる。FWMが発生しやすい条件は、波長分散が小さく、波長間隔が狭く、かつ、偏波が揃っている状態である。この場合には、関与する光信号がほぼ同じ速度で移動する（位相整合）ため、相互作用長が大きくなり、FWMの影響は大きくなる。

単一波長伝送システムの場合は、ゼロ分散波長近傍で信号伝送を行うが、波長多重伝送の場合には、ゼロ分散近傍で伝送すると多くのFWM成分が新たに発生し、FWM光が信号光に対してクロストークとなり雑音が増加する。そのため、波長多重システムでは、位相整合を避けるために（2.2）で述べたように、ある程度大きな分散値を有するNZ-DSFやSMFを伝送用光ファイバとして用い、一定空間毎に分散補償された光ファイバ伝送路が使用されている（第6章参照）。最近のディジタルコヒーレント方式（第7章参照）では、波長分散をディジタル信号処理により補償可能となったため、通常のSMFと同じ大きな波長分散の光ファイバのみを使用し、FWMやXPMの影響を最小化している。

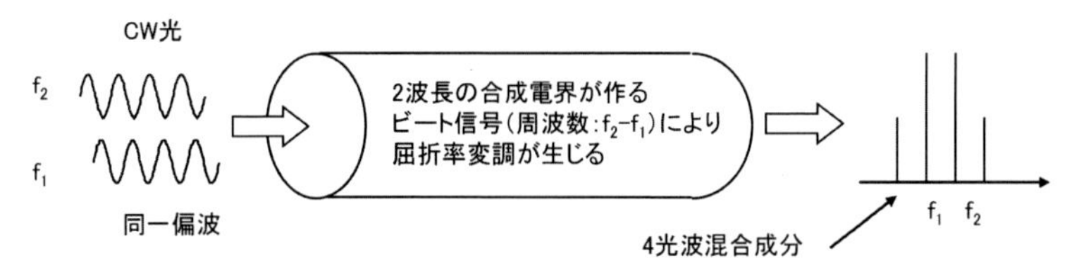

図2-1-7：四光波混合

（3）　誘導ラマン散乱

石英ガラス中に強い励起光（ポンプ光）を入射すると、石英結晶の格子振動（光学的振動）と励起光の相互作用により励起光の周波数よりも一定周波数だけ低い周波数の散乱光（ストークス光）が生じる。非常に強い励起光を用いて光ファイバを伝搬すると、ポンプ光のエネルギーの大部分がストークス波となり、誘導ラマン散乱（Stimulated Raman Scattering：SRS）が起こる。散乱光は、媒質により決まる周波数において利得がピークとなり、純粋石英の場合には、ポンプ光より1.32THz低い周波数（1.5μm帯では、約100nm長波長）で利得がピークになる。例えば、光ファイバに1.45μmのポンプ光と約100nm離れた1.55μmの信号光を同時に入射すると誘導ラマン散乱により信号光は増幅され（ラマン増幅）、伝送路そのものを光増幅器にすることができる。

(4) 誘導ブリルアン散乱

誘導ブリルアン散乱（Stimulated Brillion Scattering：SBS）は、光が物質中で音波と相互作用し、周波数がわずかにずれて散乱する現象である。光ファイバ中では、励起光が電歪効果により格子振動の音響モードを発生させ、それが屈折率の周期的な変調（回折格子）を生成し、ポンプ光が回折格子によりブラック回折され散乱される。回折格子は、後ろ向きに音速で動いているため、散乱された光はドップラー効果により低周波側にシフトする。1.55μm帯の場合、散乱光の周波数は入射光の周波数より約11GHz低周波側にシフトする。光ファイバにSBS閾値を超えた光信号を入射すると、ブラック回折により入射光は入射端に反射するため光ファイバへの入射光パワーを増やすことができない。SBSは入射光のコヒーレンスが高いと顕著になるため、例えば、位相変調を付加するなどして信号光のスペクトル幅を拡大することにより抑圧可能である。

2.1.4 太平洋横断光海底ケーブル用の光ファイバ

これまで光ファイバの基礎的な概要を述べたが、実際の太平洋横断光海底ケーブルでは、時代ごとに損失、波長分散、非線形性を考慮しながら改良が続けられている。**表2-1-1**に、代表的な太平洋横断光海底ケーブルで使用されている光ファイバの種類を示す。

表2-1-1：太平洋横断光海底ケーブルで使用されている光ファイバの種類

TPC-3(1989)	1.3μm帯ゼロ分散の通常のSMF
TPC-4(1992)	1.55μm帯で低損失のピュアシリカコアSMF
TPC-5(1995)	1.55μm帯でゼロ分散となるDSF
China-US(2000)	1.55μm帯で非ゼロ分散のNZ-DSFと分散補償用SMF
Japan-US(2001)	コア径を拡大した低非線形NZ-DSF、低分散スロープNZ-DSFと分散補償用SMF
UNITY(2010)	コア径を拡大した低非線形SMFと分散・分散スロープ補償DCF
FASTER(2016)	コア径を拡大した低非線形SMF

【参考文献】

(1) 大越孝敬　編：光ファイバの基礎、オーム社
(2) G.P.アグラワール著、小田・山田訳：非線形光ファイバ光学、吉岡書店

2　長距離通信用半導体レーザ

2.2.1　半導体レーザの基本構造

半導体レーザは光通信システムの光信号源で、小型で信頼性が高い半導体レーザの研究開発成果が現在の光通信の源となっている。レーザの発振（閾値電流を超えると急激に光出力が増大する）には、発光と光の共振が必要となるが、SiやGeのような間接遷移半導体は発光素子には適しておらず、直接遷移半導体であるAlGaAs/GaAsやInGaAsP/InPなどの化合物半導体が用いられる。光ファイバ通信用半導体レーザとしてはGaAs基板上のAlGaAs/GaAsレーザがまず開発された。発振波長は0.8～0.9μm帯である。1970年代初めの光ファイバの損失はそのあたりで最も小さく、受光素子として開発されていたSiアバランシェフォトダイオード（Si-APD）の高感度波長帯とも一致していた。

その後、光ファイバの伝送損失（2.1節参照）が1μm以上の長波長でより低損失になると予測されたため、長距離通信用としては1μm

帯で発振するInGaAsP/InPレーザが主流になった。**図2-2-1 (a)** はその基本構造を示したものである。同図 **(b)** に示すようにInGaAsP発光層はクラッド層と呼ばれるInPよりもエネルギーバンドギャップが小さく、p型InPから注入される正孔とn型InPから注入される電子が閉じ込められるためそこで再結合による発光が効率的に起こる。また、同図 **(c)** に示すようにInGaAsPの屈折率はInPに比べて大きいため光が閉じ込められる。2重ヘテロ構造と呼ばれるこのサンドイッチ構造は半導体レーザの基本構造となっている。

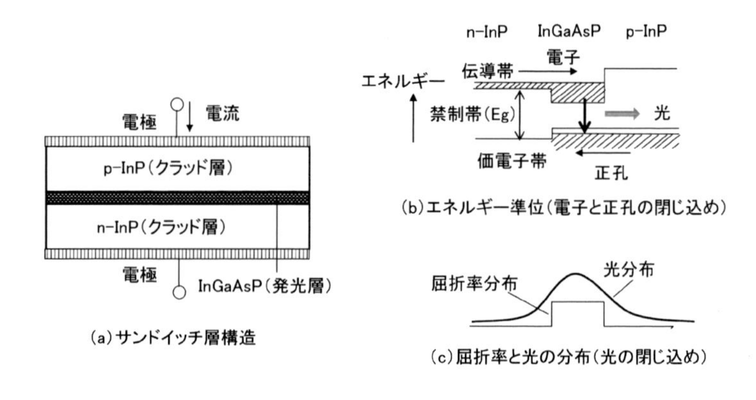

図2-2-1：(a) はInGaAsP/InP2重ヘテロ構造レーザの基本層構造で、発光層となるInGaAsPをn-InPとp-InPクラッド層ではさんだサンドイッチ構造である。(b) はエネルギー準位図で電子と正孔がInGaAsP層に閉じ込められ、(c) は屈折率分布と光分布で光がInGaAsP層に閉じ込められることを模式的に示している。

2.2.2 1.3µm帯ファブリペローレーザ

光ファイバの改良が進み、最小損失波長が1.3µm帯へ移行するのに合せて1.3µm帯の半導体レーザが開発された。開発されたレーザは、劈開面を1対の平行反射鏡とするファブリーペロー（FP）共振器を利用し、発光が最も強く起こる波長付近の複数の波長で発振する多波長レーザであった。レーザから出射されるビームが安定な単峰性となる横単一モード動作の実現や動作電流の低減などの特性改善が進み、その後の長時間連続動作試験などを通して高信頼性に優れていることが示され、後述する最初の光海底ケーブルである第3太平洋横断ケーブル（TPC-3）の光海底中継器に導入された。

2.2.3　1.5μm帯単一波長レーザ

その後も光ファイバの低損失化が進むと同時に最低損失波長もさらに長波長へと移っていった。1.55μm付近で最小値0.2dB/kmになることが予測され、1979年には極低損失光ファイバとして実現された。当然のことながら半導体レーザも1.55μmで発振するものが必要とされた。一方で、1.55μm帯は光ファイバの損失が最小になるが、波長分散（波長が異なると光の速度が異なる性質、2.1参照）が大きいという特徴がある。1.3μm帯と同様な多波長のレーザ光源を用いると光ファイバの波長分散の影響を受け、光パルスが広がってしまう。そこで、一つの波長でしか発振しない半導体レーザが必要とされ、1980年以降、世界の研究者がしのぎを削ることになった。

その最有力候補となったのが、周期的な微細凹凸（周期は半導体の中での波長のちょうど半分の長さで回折格子とも呼ばれる）をレーザ内部に作り込んだ分布反射型（Distributed Bragg Reflector：DBR）、あるいは分布帰還型（Distributed Feedback：DFB）レーザである。

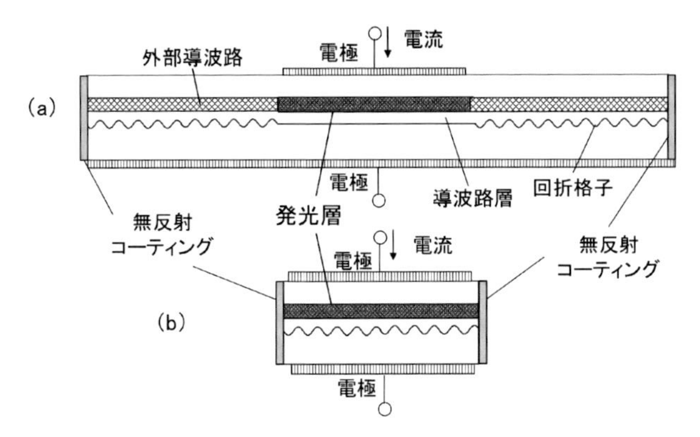

図2-2-2：(a) 分布反射型（DBR：Distributed Bragg Reflector）レーザと (b) 分布帰還型（DFB：Distributed FeedBack）レーザ

それぞれ**図2-2-2（a）**、**（b）**にその構造を示す。回折格子は凹凸の周期のちょうど2倍の波長（ブラッグ波長と呼ばれる）に強い反射特性を示す。最初に、同図**（b）**の発光領域と反射領域が一体化されたDFBレーザが実用化された。DFBレーザは基本的にはブラッグ波長から少し離れた2つの波長で発振するレーザで単一波長レーザではない。ただし、片方の無反射コーティングを無くすか、あるいは高反射コーティングにすると非対称構造となり2波長のうちの一方だけが発振する場合があるが、安定な単一波長発振の確率はあまり高くない。ちょうどブラッグ波長で安定に単一波長発振させるためには、凹凸の位相を中央で反転させる必要がある[(1)-(3)]。これは凹凸の周期の半分、すなわち波長の1/4だけ位相が中央でシフトした構造となるため、1/4波長シフトDFBレーザと呼ばれた。**図2-2-3**はその一例で埋め込みストライプ構造の1/4波長シフトDFBレーザである。

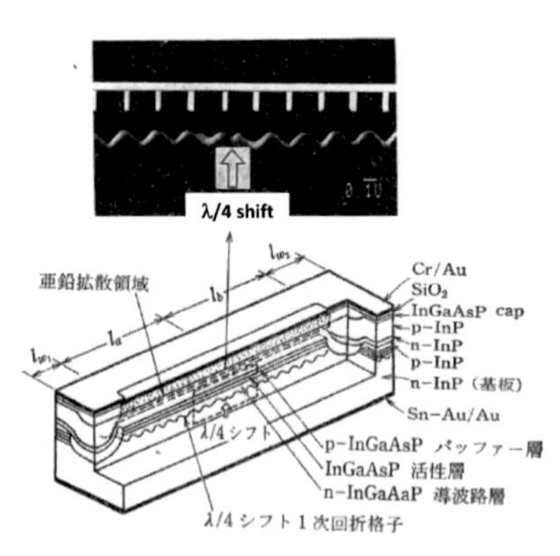

図2-2-3：1.55μm帯InGaAsP/InP λ /4シフトDFBレーザの構造模式図と λ /4シフト付近の断面写真

ここでは、**図2-2-2（b）**の無反射コーティングの代わりに実質的に無反射を実現できる両端面埋込み構造を採用した。**図2-2-4**は発振しきい値（I_{th}）の0.9倍の電流におけるスペクトルで、DFBレーザのスペクトル特性を顕著に表している。

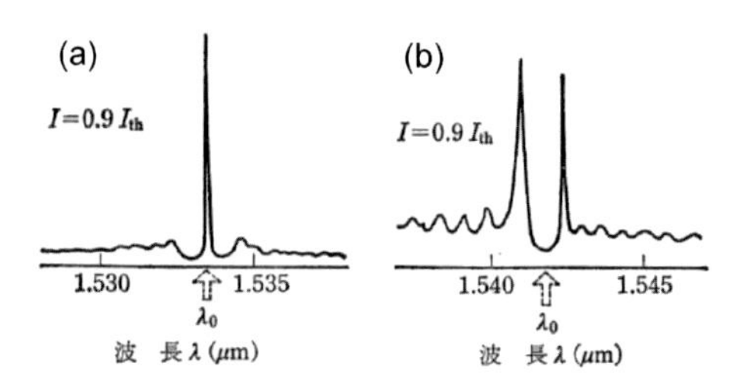

図2-2-4：発振しきい値（I_{th}）の0.9倍の電流におけるスペクトル．（a）はλ/4シフトDFBレーザ，（b）は均一（一様）なグレーティングからなるDFBレーザ

(a) は前述の方法で作成した1/4波長シフトDFBレーザのスペクトルで、ちょうどブラッグ波長において単一の鋭いピークが現れている。一方、**(b)** は均一な回折格子を持つDFBレーザのスペクトルで、ブラッグ波長の両側に2つの鋭いピークが生じている。均一な回折格子からなるDFBレーザにおいても端面が反射端になっているようなケースでは非対称性により単一波長発振となり得るが、その確率はあまり高くない。一方の1/4波長シフトDFBレーザは両端面を無反射端とすることにより理論上は100％単一波長発振する構造であり、実際の製造歩留まりも相当高いことが示された。

商用導入にあたっては単一波長動作が長期にわたって安定に保持されるかどうかを確認する必要がある。スペクトル特性を含めた長期寿命試験結果の例を**図2-2-5**に示す。1/4波長シフトDFBレーザを50℃において3,000時間連続動作させ、動作電流が増大したレーザの連続動作の前後（beforeとafter）におけるスペクトルを示したものである。それぞれ下段（リニアスケール）が$I = 0.9I_{th}$、上段（10dB/divのログスケール）が$I = I_{th} + 5mA$のバイアス電流に1GHzの変調電流$I_m = 30\text{-}40mA_{p\text{-}p}$を重畳させて高速直接変調を行った時のスペクトルである。元々単一波長性に優れているため、動作電流の増加などの劣化が起こっても発振スペクトルの劣化は見られず、海底中継器に採用できる信頼度であることが確認されている。

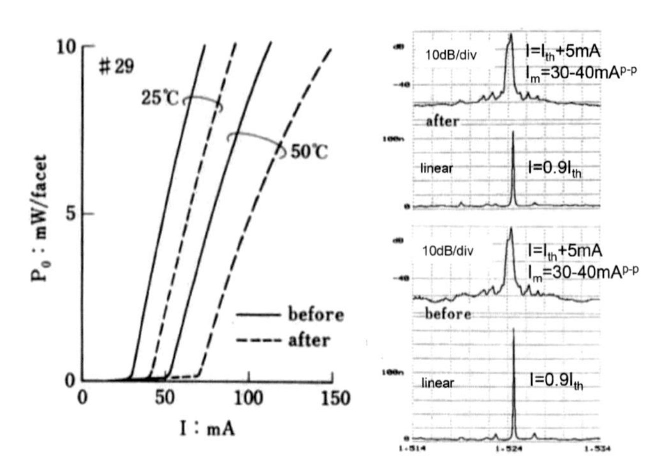

図2-2-5：50℃において3,000時間連続動作させ、動作電流が増大したレーザの連続動作の前後（beforeとafter）におけるスペクトル。下段（リニアスケール）が$I=0.9I_{th}$、上段（10dB/divのログスケール）が$I=I_{th}+5mA$のバイアス電流に1GHzの変調電流I_m＝30-40mA$_{p-p}$を重畳させて高速直接変調を行った時のスペクトル。

また、**図2-2-6**は商用化する1/4波長シフトDFBレーザと同規格の230個を用いた本格的な寿命試験結果を示している。10,40,50,60℃の温度で6,500時間動作させる前（Before Aging）と後（After Aging）の565Mbit/s直接変調時のサイドモード抑圧比（SMSR：Side Mode Suppression Ratio）の変化をヒストグラムで示しているが、寿命試験前後でSMSRの分布に顕著な変化は見られず、長期間にわたり安定な単一波長動作が保持され商用中継器への導入に関して問題の無いことが確認された。

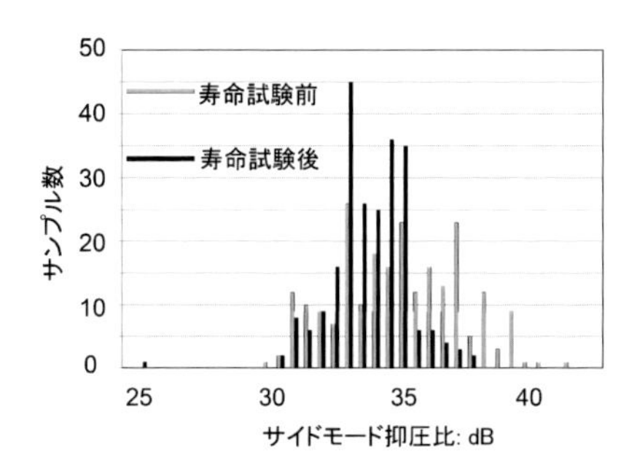

図2-2-6：230個の1/4波長シフトDFBレーザを用いた寿命試験結果。10,40,50,60℃の温度で6,500時間動作させる前（Before Aging）と後（After Aging）の565Mbit/s直接変調時のサイドモード抑圧比の変化。

このような単一波長DFBレーザは、第4太平洋横断ケーブル（TPC-4）の中継器に使用され、1.55μm帯の光海底ケーブルの実現に大きく貢献した。

2.2.4　波長可変レーザ

その後、波長多重方式が主流になると波長可変レーザが多く用いられるようになった(3)。基本的な構成は**図2-2-7**に示すように、発光部、位相調整部、波長選択部1と2からなり、それぞれの電極を介してコンピュータ制御により、かなり広い範囲で任意の波長を選択できる光IC（Photonic Integrated Circuit）の一つと言える。さらに、変調や光増幅などの機能が集積されたデバイス、あるいはInP/InGaAsP化合物半導体とSiとのハイブリッド光ICなどの開発が進められている。

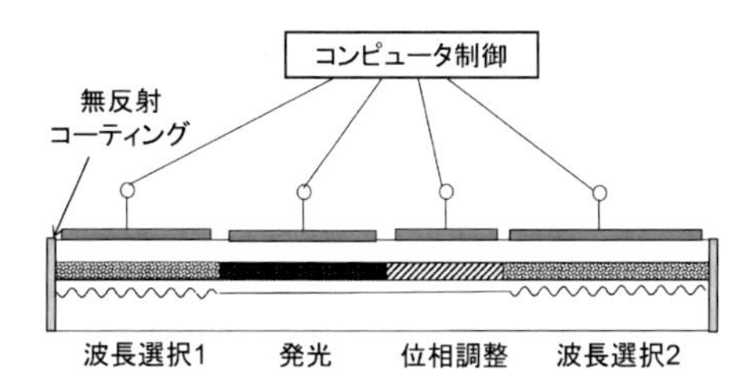

図2-2-7：光ICによる波長可変レーザのイメージ図

1/4波長シフトDFBレーザの凹凸反転技術

筆者の一人（秋葉）は1980年から81年にかけて米国マサチューセッツ工科大学に留学したが、その時にご指導いただいたハウス教授と日本で開催された国際会議のコーヒーブレークの時間にこの1/4波長シフトDFBレーザについて議論し、かなり難しそうだがやってみようということになった。しかし、途中で凹凸の位相を反転させることなど絵に描いた餅のようにも思えた。凹凸の周期は半導体中での波長（空気中での波長を屈折率で割った値）の半分、すなわち230nm程度と微細である。このような微細な回折格子を製作するため、フォトレジスト膜をHe-Cdレーザのような紫外線レーザ光で干渉露光させる方法が一般によく用いられた。レーザ光を2光束に分けてそれを合波したときに形成される干渉縞を利用する。この方法は均一に大きな面積を露光できるメリットを有していたが、途中で凹凸を反転させるといったことは逆にできなかった。電子ビーム露光であれば、このような凹凸の反転は可能であるが、230nmという微細な周期構造に適用するのは当時としては難しかった。

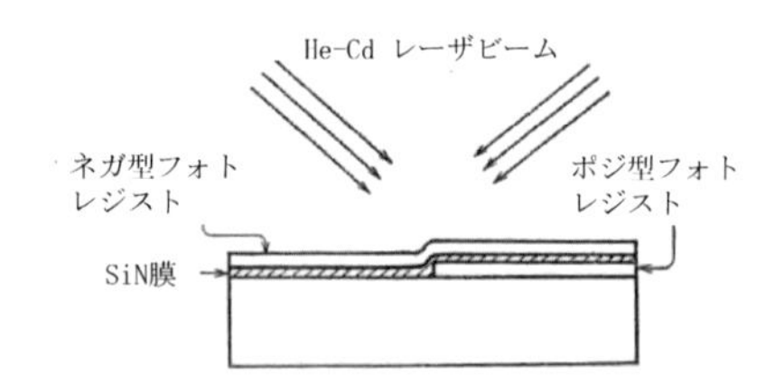

図2-2-8：ネガ型とポジ型のホトレジスを用いた凹凸反転（1/4波長シフト）回折格子の創造方法

このような状況の中で我々は、図2-2-8に示すように、ポジ型のフォトレジスト（露光された部分が現像処理により剥離される）とネガ型のフォトレジスト（露光された部分が現像処理により残る）を同時に使用することを試みた。この発想はフォトレジストに関して知識が乏しかったため技術者セミナーに出席した帰り道に思いついた。ただ、このような試みは前例が無かったため相当な試行錯誤を繰り返すことになったが、早大の宇高勝之教授（当時共同研究者）らと奮闘を重ね、ようやく図2-2-3の上に示すような中央で凹凸が反転した回折格子を形成することに成功した。

【参考文献】
(1) S. Akiba, M. Usami, and K. Utaka, "1.5-μm λ/4-shifted InGaAsP/InP DFB lasers", IEEE J. Lightwave Tech., Vol. 5 , No. 11, pp. 1564-1573, (1987)
(2) 秋葉重幸："光集積回路4章；光導波構造におけるグレーティングの理論"、西原浩編集、オーム社、(1993)
(3) 末松安晴："動的単一モードレーザの開拓　——大容量長距離光ファイバ通信用の半導体レーザ——"電子情報通信学会論文誌、vol. J100–C No. 10、(2107)

3 光変調器

光の位相や強度を外部信号に従い変化させることを光変調と呼び、ディジタル電気信号の情報を光信号に変換する技術である。光変調方式としては、レーザに情報をもった電流信号を印加する直接変調方式と、光源は一定出力で動作させ、外部の光変調器で変調を行う外部変調方式がある。光変調の最も簡便な方法は、直接変調方式であるが、応答速度の高速性に制限があるうえ、光信号の立ち上がり時と立ち下がり時に電流注入に伴い半導体の屈折率が大きく変動するため、動的な波長変動（チャーピング）が生じる。光信号に動的波長変動があると、光ファイバの波長分散特性により受信端で光波形が広がったり狭まったりするため、伝送特性が劣化する。一方、外部変調方式は、この動的波長広がりを抑えることが可能であるため、高速光伝送システムや光増幅伝送システムでは、不可欠な技術となっている。光変調器としては、ニオブ酸リチウム（$LiNbO_3$）を用いる誘電体光変調器とレーザダイオードとの一体集積化が可能なInGaAsP半導体光変調器が広く用いられている。

2.3.1　電気光学効果を用いる光変調器

光変調器では、一般に、外部からの電気信号により半導体や誘電体の屈折率又は吸収係数を変調し、ディジタル光信号を生成する。電圧印加による材料の屈折率変化は電気光学効果と呼ばれ、屈折率変化が電界に比例するものをポッケルス効果と呼ぶ。電気光学結晶としては、電気光学係数が比較的大きく空気中でも安定な$LiNbO_3$が用いられる[1]。

図2-3-1にポッケルス効果を用いる光変調器の動作概要を示す。電気光学結晶に電圧Vを印加すると、厚さdの結晶内部には電界E（=V/d）が発生し、屈折率が電界に比例してnからn＋Δnに変化する。この結晶に特定の偏光方向を有する波長λの光が入射すると、光波が長さLの結晶中を伝搬する際の位相速度も変わるので、出力光では下記の位相シフトが生じる。

$$\Delta\phi = 2\pi\Delta nL / \lambda \qquad (2.3.1)$$

この位相シフト量は入射光の偏光方向及び材料により異なる。この例では、結晶に直接電界を加えるバルク型の光変調器を示したが、電界がより有効に光波に印加できるようにするためには、3次元の光導波路に入射光を閉じ込めた導波路型の光変調器を構成する必要がある。

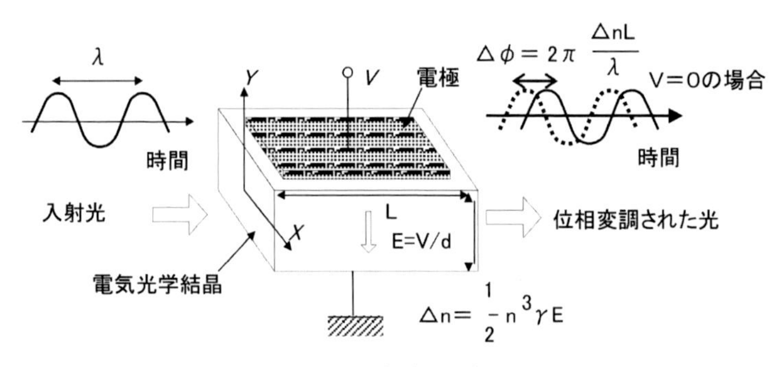

図2-3-1：ポッケルス効果

IM-DD方式を用いる光通信システムへの応用に関しては、光の強度を変調する必要がある。**図2-3-2**は位相変調を強度変調に変換するためのマッハ・ツェンダ干渉計を示している。光波をマッハ・ツェンダ干渉計に入射すると、入射光は2つの光導波路に分岐され、2つの光導波路を伝搬後再び合波される。導波路に電圧を加えない場合は、合成される2つの光波の位相は同一であるため、入射光はそのまま合成されて出力されるが（"ON"）、一方の光導波路に位相シフト量がπ

になる電圧を加えると、両者の位相が逆相となるため、光は互いに打ち消しあって出力されない（"OFF"）。従って、電圧のディジタル信号が、位相変調を介して、強度変調されたディジタル光信号に変換される。

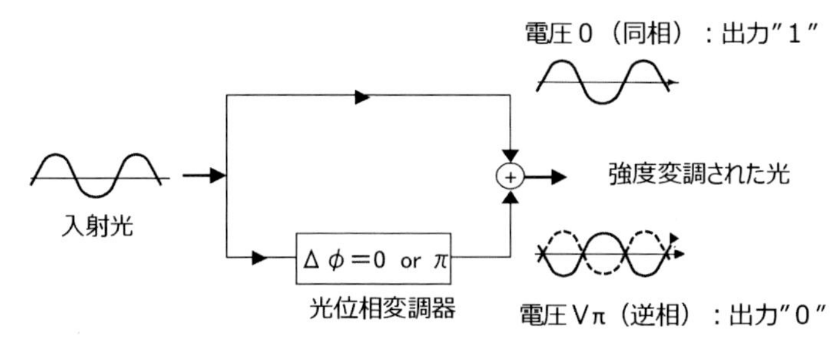

図2-3-2：マッハ・ツェンダ型光変調器

(1) プッシュプル動作によるマッハ・ツェンダ型光変調器

マッハ・ツェンダ型光変調器は、最も基礎的な導波型光変調器として多くの研究がなされてきた。動作原理は前述したとおりであるが、**図2-3-3**に示すように、変調部を分岐した両方の導波路に設けて互いに逆相の位相変化を与えてプッシュプル動作をさせれば、同一電圧での位相差は2倍にすることができ、低電圧駆動の光変調器が実現可能となる。

電気光学効果を用いる光変調素子の導波路長は通常cmのオーダである。一般的に用いられる集中定数型の電極構成では、光変調素子の周波数特性はCR時定数で決まるため、素子長が長いと容量Cが大きくなり、CR時定数により動作速度が制限される。この速度制限を解消するため、光の進行方向と外部電圧の進行方向を一致させる進行波型光変調器が研究開発された。**図2-3-3**の左側から電圧を入力し、右側の電極で50 Ω終端を行い、光の実効屈折率とマイクロ波の実効屈折率をできるだけ一致するよう光導波路設計及び電極設計を行うことにより、周波数帯域幅は大幅に拡大され、高速変調器が実現できる。

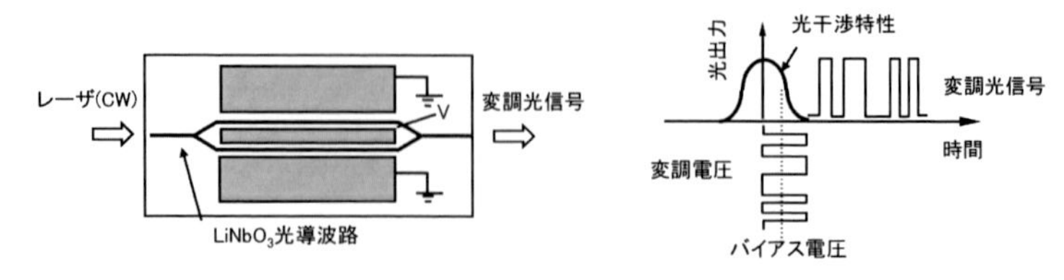

図2-3-3：マッハ・ツェンダ型光変調器のプッシュプル動作

(2)　ベクトル変調器

以上、強度変調器について述べてきたが、第7章で述べるコヒーレント通信方式では、強度変調に加えて、位相にも独立な変調を加える必要がある。強度と位相を変調する光変調器は、ベクトル変調器と呼ばれ、**図2-3-4**に示すデュアル・パラレルマッハ・ツェンダ型変調器が代表例である。この構造は、マッハ・ツェンダ型変調器の両アームを単一の導波路の代わりにマッハ・ツェンダ干渉系で置き換えることにより実現される。**図2-3-4**の光変調器に一定振幅の光を入射すると、上段のアームでは同相成分の変調信号が、また、下段のアームでは強度変調信号と位相が$\pi/2$シフトした直交成分の変調信号がそれぞれ生成され、両者の合成信号が出力される。

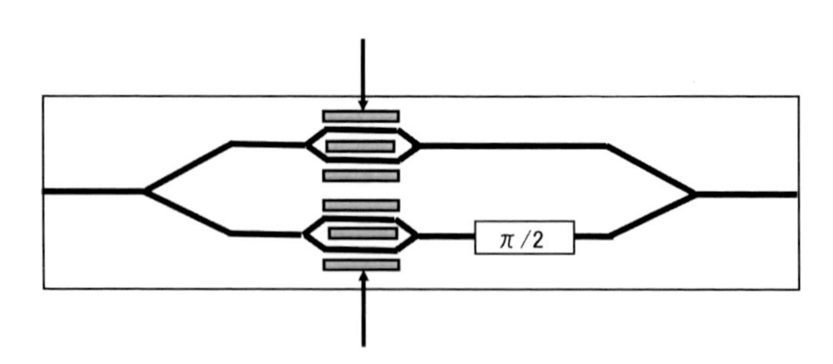

図2-3-4：コヒーレント通信システム用のベクトル変調器

2.3.2　電界吸収効果を用いる光変調器

電気光学光変調器は電界により屈折率を変え、位相変調や強度変調を行うものである。一方、半導体では吸収係数を制御して強度変調を行うことが可能である。半導体の一般的な性質として、半導体の禁制帯幅のエネルギー（E_g）に相当する吸収端波長（λ_g）より、短波長の光波に対しては吸収係数が大きく、長波長の光波に対しては、吸収係数が小さい。フランツとケルディッシュは、半導体に電圧を印加するとこの吸収端波長が電界の2乗に比例して長波長側にシフトし、長波長の光に対する吸収係数が大きく増加することを示した。この効果は、フランツ・ケルディッシュ効果として知られており、多重量子井戸（Multiple Quantum Well：MQW）構造では量子シュタルク効果として知られている。両者は、電界吸収効果（Electro-Absorption Effect）と総称され、この効果を用いた光変調器は電界吸収型光変調器（Electro-Absorption Modulator）、またはEA変調器と呼ばれている。

図2-3-5は電界吸収効果を定性的に説明したものである。p型半導体とn型半導体の中間に光変調を行うための光変調層を挿入し、光変調層の不純物濃度を十分小さく設計しておくことにより、pn接合に対して逆方向の電圧を加えると空乏化した光変調層に電界が集中する。半導体の吸収端波長より長波長の光、すなわち、E_gより小さいエネルギー（$h\nu$）を持つ光が外部から電圧が印加されていない半導体に入射しても、入射光は価電子帯の電子と相互作用をせず、そのまま半導体中を透過する（ON）。一方、外部から半導体に逆方向の電圧を加えると、禁制帯は、**図2-3-5**に示すように傾き、電子の波動関数が禁制帯にしみ出すことで、伝導帯と価電子帯のエネルギー差が等価的に禁制帯幅のエネルギーE_gより小さくなる。ここに、E_gより小さいエネルギーのλ_gより長波長の光を入射すると、電子が価電子帯から伝導帯へ遷移し光が吸収される（OFF）。EA変調器では、印加電圧の制御により、出力光の強度が直接変調される。光吸収により、価電子帯と伝導帯にそれぞれ生成されるキャリア（正孔ならびに電子）は、結晶に電界が加わっているため、瞬時に吸収電流として外部回路へ掃出され、高速動作が可能である。

この電界吸収効果は、光学定数が外部電気信号により変化する諸現象の中では変化率が大きいため、200μm程度の短い素子長でも低電圧で強度変調を行うことができる。

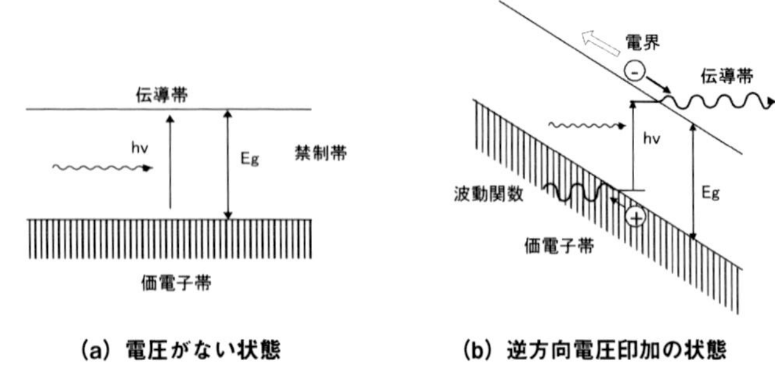

(a) 電圧がない状態　(b) 逆方向電圧印加の状態

図2-3-5：半導体の電界吸収効果

(1) 1.5μm波長帯のEA変調器

動的なスペクトル広がりが少ない光変調器は、1.5μm帯の長距離あるいは高速光伝送システムで特に必要性が大きく、この1.5μm波長帯のEA変調器の材料は、半導体レーザと同様にInGaAsP系が主に用いられる[(2)]。

EA変調器を設計する場合に考慮するべき基本的な点は、動作電圧の低減、挿入損失の低減、および広帯域化の3点である。光導波路層の組成は、光エネルギーh ν と禁制帯幅エネルギーと E_g との差 $\Delta E_g = E_g\text{-}h\nu$ を小さくすることが低電圧動作の観点から有利だが、電圧無印加時のビルトイン電界により、吸収損失が増加する。また、EA光変調器は、電気的にはコンデンサとみなすことができ、高速動作のため50Ωで終端した場合には、CR時定数で帯域制限を受ける。従って、広帯域化の観点からは、素子長を短くかつ導波路の厚さを大きくする必要があり、低電圧動作のための要求と相反の要求となるため、適切な導波路設計が必要である。

これらの基礎設計事項に加えて、EA変調器では、直接変調レーザと類似な動的なスペクトル広がりも考慮する必要がある。吸収係数を変化させて光強度変調を行うと、クラマース・クローニッヒの分散関係に従って屈折率も同時に変化して、付加的な位相変調が生じるためである。EA変調器のスペクトル広がりは、半導体レーザのスペクトル線幅広がり因子、αパラメータで評価できる。αは、複素屈折率

$n_r + jn_i$の実部と虚部の変化の比

$$\alpha = dn_r / dn_i \qquad (2.3.2)$$

で定義され、ガウス型の波形パルスで変調した場合のスペクトル広がりは$\sqrt{1 + \alpha^2}$程度となる。1.5μm帯半導体レーザのα値としては6～7の報告が多いが、EA変調器では、ΔE_gを小さく、かつ電界強度を大きくすることにより、α値を1以下に抑えることが可能である。これらの制約条件のもと、ΔE_gは通常30～50meV、導波路層厚さは0.2～0.4μm、素子長は100～200μm程度に設計されている場合が多い。

図2-3-6にEA変調器の構造図と電圧特性の一例を示す。光変調層にInGaAsPを用い（吸収端波長：λg = 1475nm）、禁制帯幅エネルギーと波長1.55μmの光エネルギーの差ΔE_gは、約40meVである。導波路層の典型的な厚さ、幅、及び器長は、それぞれ約0.3μm、約2μm及び約200μmである。この例では、-2Vの電圧で20dB以上の消光比及び20GHz以上の変調帯域が得られている。MQW構造のEA変調器では、帯域幅40GHz以上も実現されている。

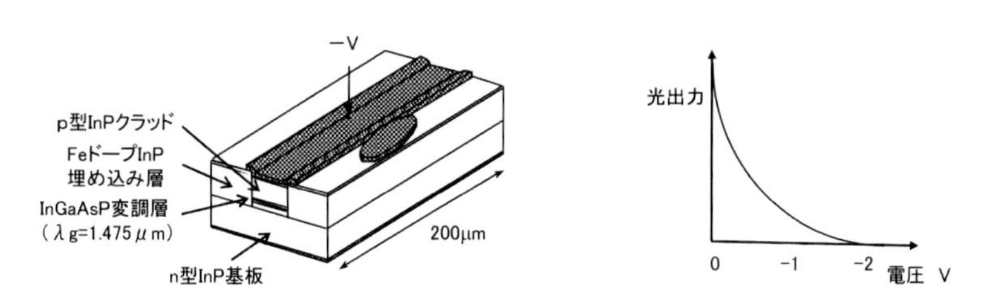

図2-3-6：InGaAsP EA変調器の構造と特性例

(2)　レーザダイオードと光変調器の集積光源

InGaAsP系のEA変調器は、1.5μm波長帯のInGaAsP半導体レーザと同一材料系であるため、共通のInP基板上に半導体レーザとのモノリシック集積化が可能となる[(3)、(4)]。**図2-3-7**に集積光源の写真を示す。DFBレーザ部は、単一波長動作性に優れたInGaAsP λ/4シフトDFBレーザで構成されており、EA変調器もInGaAsP系で構成されている。レーザ部及び変調器部の長さは、それぞれ300μm及び200μmであり、光変調器の単体性能を保持しつつ良好な光学的な結合効率を有する小型のレーザ・変調器集積光源が実現されている。

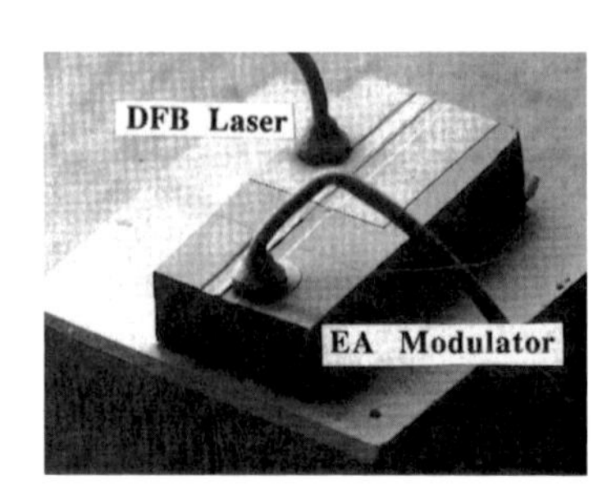

図2-3-7：λ/4シフトDFBレーザとEA光変調器の集積光源

EA変調器集積レーザは、小型・抵コスト化が可能であることから、長距離光海底ケーブルシステム、例えば、JIH（日本周回ケーブル）、China-USケーブルなどの2.5Gbit/sの波長多重光海底ケーブルに採用されている。最近では、10Gbit/s以上のFTTH（Fiber To The Home）における送信器に広く使われている。また、EA変調器単体は、集積光源より波長の安定性等に優れているため、日米間のJapan－US太平洋横断光海底ケーブル、TAT-14（Trans-Atlantic Telecommunication Cable-14）大西洋横断光海底ケーブルなどの10Gbit/s波長多重による長距離光海底ケーブルに採用されている。

EA変調器；亜流の研究の勧め

筆者の一人（鈴木）が光変調器の研究を開始した1980年半ば、まだ海底ケーブルに光技術が導入される前であり、外部光変調器の必要性はあまり認識されていなかった。また、光変調器と言えばLiNbO3変調器が主流であり、半導体の吸収係数を変化させるEA変調器の研究者は、世界でもMQW型が数名、通常の導波路型は知る限り我々しかいなかったように思う。EA変調器は、当初、αパラメータの評価方法もない状況で、問題が生じても議論する相手が少なく、研究会で理論・実験とも活発な議論がされていた半導体レーザの研究者を羨望したりした。今振り返ると、主流の研究にこだわらずに、信じる研究にチャレンジした結果、現在広く使用されている10Gbit/s集積光源を30年以上前にいち早く実現したり、αパラメータの評価方法の標準的方法を提案できたりと、研究者としての幸運の方が多かったように思う。

2.3.3　変調フォーマット

光通信システムでは、ディジタル情報を光信号として送信するが、強度を変調する変調フォーマットはOOK（On Off Keying）と呼ばれる。OOKには、ビット間の時間幅と同じパルス幅の矩形パルスを用いるNRZ（Return to Zero）形式のNRZ-OOKとビット間時間幅の約1/2のパルス幅のRZ（Non Return to Zero）形式のRZ-OOKがある。以下に簡単のため、NRZ信号及びRZ信号と記す。NRZ信号は、1がn個連続する場合には、パルス幅はn倍に広くなるが、RZ信号は1が連続した場合は、孤立したパルスがn個連続する。

OOK加えて、光の位相にも情報を載せる方式がいくつか存在する。光位相を直接検波して受信する方法は、コヒーレント検波方式と呼ばれる。コヒーレント検波に関しては、第7章で述べるので、ここでは、位相に情報を載せた信号を強度信号に変換後に受信するDPSK（Differential Phase Shift Keying）　とDQPSK（Differential Quadrature Phase Shift Keying）を述べる。**図2-3-8（a）、（b）、（c）**に、それぞれ、OOK、DPSK、DQPSK信号の時間波形を示す。図中実線は、NRZ形式に対応した各波形、破線はRZ形式の各波形を示す。以下、NRZ形式のDPSK（DQPSK）を単にDPSK（DQPSK）、RZ形式のDPSK（DQPSK）をRZ-DPSK（RZ-DQPSK）と記載する。DPSK信号は、振幅は一定で、位相の0とπに情報を載せ、1シンボルあたり1bit/sの情報量を持つ。DQPSKは、振幅一定で、位相、0、π/2、π、3π/2に、1シンボル当たり2bit/sの情報を載せることができる多値信号である。**図2-3-9**に各種変調フォーマットの光電界の実部と虚部を示す。

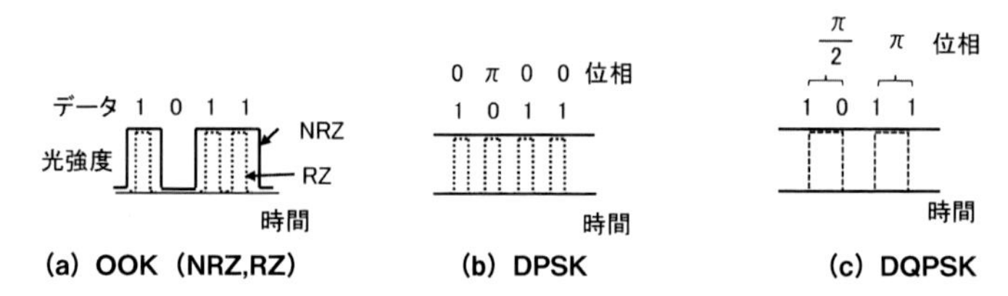

図2-3-8：各種変調フォーマットの時間波形
（実線：NRZ形式、破線：RZ形式）

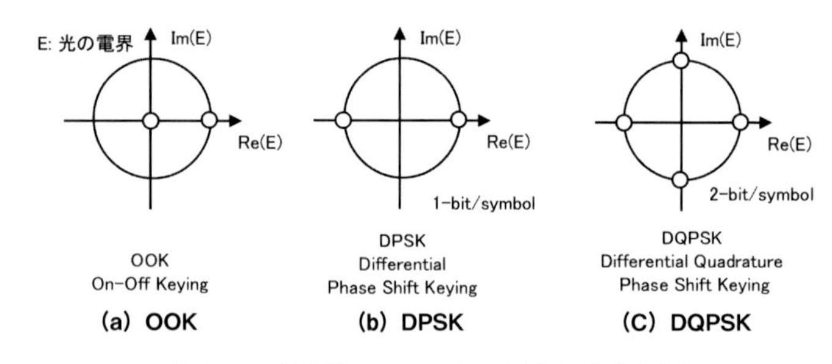

図2-3-9：各種変調フォーマットの光電界の実部と虚部

DPSKは、受信器側で、1ビット遅延干渉計を用いて位相情報を強度信号に変換して受信する。送信側では、1ビット遅延干渉計の出力データを送信データと一致させるため、プリコーディングを行う。プリコーディング信号には、強度（1，0）を位相（π、0）に変換し位相変調情報を作成した後、1（π）が来たら信号のデータを反転させ、0（0）の場合にはその状態を保持する作動位相（DPSK）変調信号を用いる。**図2-3-10**にDPSK信号の生成例を示す。**図2-3-10**よりDPSK

信号では、初めの1（π）を基準として、次の0では状態を保持（π）、続く1，1では、それぞれ状態を反転し、0、πが生成されていることがわかる。DPSK信号に対する受信器構成を**図2-3-11**に示す。DPSK信号を、1ビット遅延干渉計に入力すると、2つの出力ポートからは、原データ信号と論理反転したデータ信号を取り出すことができる。2系等の信号を受信するため、光信号パワーが2倍になったことと等価であり、同じ誤り率を得るため所望の光SNRが小さくなり、受信感度はNRZ信号よりも3dB向上する。そのため、送信光パワーを下げて伝送することが可能となり、光ファイバの非線形に対する耐性が向上する。

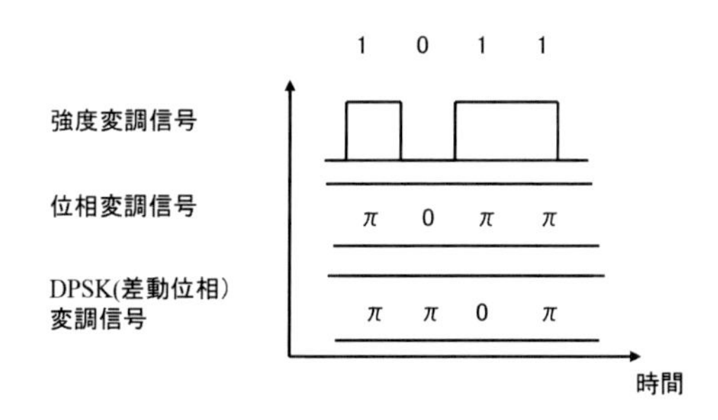

図2-3-10：DPSK信号の生成

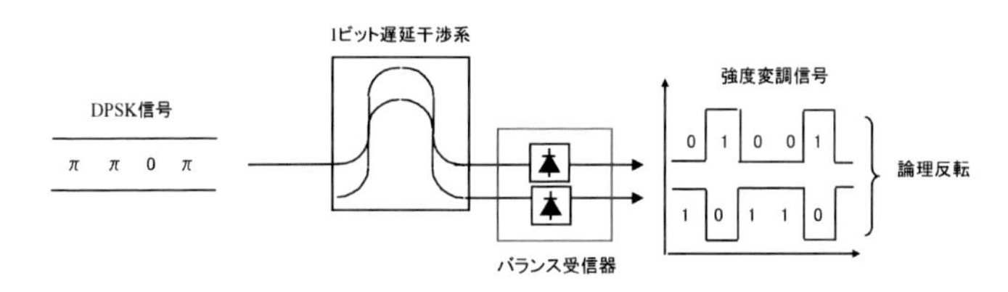

図2-3-11：DPSK受信器構成

DQPSK信号は、0．πの信号に加えて、π/2と3π/2の信号に対してもDPSKと同様のプロセスを実施して生成する。DQPSK信号は、1シンボル当たり2ビットの情報を持つため変調速度は1/2になり、スペクトル幅はDPSKの1/2である。従って、波長分散やPMDに対する耐性が大きい。ただし、DPSKでは2台の受信器、DQPSKでは4台の受信器が必要となり、いずれもOOKと比較すると、受信器構成が複雑になる。その他、スペクトル幅が狭い変調フォーマットとして、Duo-Binary信号がある。この信号はプリコーディングで得られた強度・位相変調信号で生成され、1台の光受信器で元の強度信号を受信できる。プリコーディングは、入力1に対して（1､1）を出力するパーシャルレスポンス符号により、（1，0）2値の入力データを（0，1，2）の3値の出力系列に変換し、その直流成分をカットし、更に（-1（π）、0、1）に変換することで得られる。この符号は、帯域幅がNRZ信号の半分となり、波長分散等への耐性は向上するが、雑音耐性が低く、所望の誤り率を得るためには光SNRを大きくとる必要があり、非線形に対する耐性が低い。

以上述べた各種変調フォーマットの時間波形、スペクトル幅、変調器、受信器構成、及び特徴を**表2-3-1**にまとめて示す[(5)]。ただし、DPSKとDQPSKは、非線形性に対して耐性があり長距離光伝送システムに適したRZ-DPSK、RZ-DQPSKとしてある。

実際の太平洋横断光海底ケーブルでは、初期の海底ケーブル（1989-2000：TPC-3,4,5,China-US）ではNRZ-OOK（第3、4章参照）、次の10Gbit/sの波長多重システム（1999-2010、PC-1、Japan-US、TGN-P、UNITY）では、RZ-OOK及びRZ-DPSKが使用されている（第6章参照）。2016年（FASTER）以降は、コヒーレント受信方式が導入され、4値のQAM（Quadrature Amplitude Modulation）が使用されている（第7章参照）。

表2-3-1：各種変調フォーマットの特徴

変調方式	時間波形	信号スペクトル	光変調器	光受信器	特徴
強度変調 (NRZ)	1 0 1 1 0 0 1 1 光パワー 時間	周波数	Mach-Zehnder modulator Data	PIN-PD	○最も簡単な構成(安価) ×雑音/波長分散/PMD耐力が小さい
強度変調 (RZ)	1 0 1 1 0 0 1 1 光パワー 時間	周波数	Data　Clock(RZ)		○簡単な構成(安価) ○非線形耐力が大きい △雑音/波長分散/PMD耐力が比較的大きい
強度変調 (Duobinary)	1 0 1 1 0 0 1 1 光パワー 0　π　0　位相 時間	周波数	Precoded Data (IM) LP		○信号帯域が狭い ○波長分散耐力が大きい ×雑音耐力が小さい ×非線形に弱い
RZ-DPSK	1 0 1 1 0 0 1 1 光パワー 位相 時間	周波数	Precoded Data (PM)　Clock(RZ)	Delay interferometer	○雑音/PMD/非線形耐力が大きい ×構成が複雑
RZ-DQPSK	1 0 1 1 0 0 1 1 光パワー π/2　π　0　π　位相 時間	周波数	Precoded Data (PM) Clock(RZ) π/2 Precoded Data (PM)		○伝送速度が実効的に半減 ○雑音/波長分散/PMD/非線形耐力が大きい ○信号帯域が狭い ×構成がより複雑

【参考文献】

(1) 末田正、神谷武編：超高速エレクトロニクス、9章（井筒著：高速光変調技術）、培風館、1991

(2) 菊池和郎編：光情報ネットワーク、9章（鈴木著：光変調素子）、オーム社、2002

(3) M. Suzuki, H. Tanaka, H. Taga, S. Yamamoto and Y. Matsushima, " λ /4-shifted DFB laser/electroabsorption modulator integrated light source for multigigabit transmission" , IEEE Journal of Lightwave Technology, Vol. 10 , pp. 90-95 , Jan. 1992

(4) M. Suzuki, Y. Noda, H. Tanaka, S. Akiba, Y. Kushiro, and H. Isshiki, " Monolithic integration of InGaAsP/InP distributed feedback laser and electroabsorption modulator by vapor phase epitaxy" , IEEE Journal of Lightwave Technologies, Vol. 5, pp.1277-1285, 1987

(5) P. J. Winzer and R.J. Essiambre, Advanced modulation formats for high-capacity optical transport network, IEEE Journal of Lightwave Technologies, Vol. 24, pp.4711 - 4728, 2006

4 フォトディテクタ

フォトディテクタは受信機において、光信号を電気信号に変換するために用いられる。光ファイバ通信では、PINフォトダイオード（PIN-PD）またはアバランシェフォトダイオード（APD）が一般的に用いられる。フォトディテクタは、半導体のエネルギー間隔に相当する間隔波長より短い波長の光が入射すると、光が吸収されて光電流が発生する現象を利用するものであり、材料としては、0.8μm帯ではSi、1.3-1.55μm帯ではGeやInGaAsが用いられる。

PIN-PDは**図2-4-1**に示すように、PN接合の間にI型半導体（Intrinsic Layer）を挟み込んだ構造になっている。p領域を薄くしてこの領域での光の吸収を減らし、i領域を厚くして大部分の光がこの領域で吸収されるようにしている。

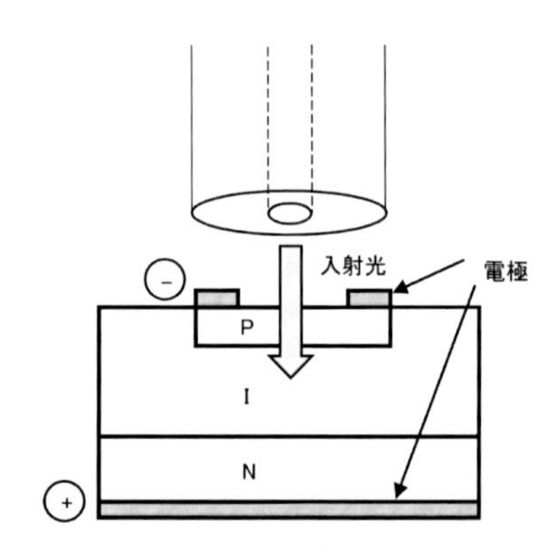

図2-4-1：PINフォトダイオードの構造

PIN-PDのp側に負、n側に正の逆バイアス電圧を印加した状態で光が入射すると、i領域を中心に光が吸収されて、入射光の強さに比例した電子・正孔対が発生する。この電子・正孔対はi領域の電界で加速されて、電子はn側へ、正孔はp側へ流れ込んで電流となる。

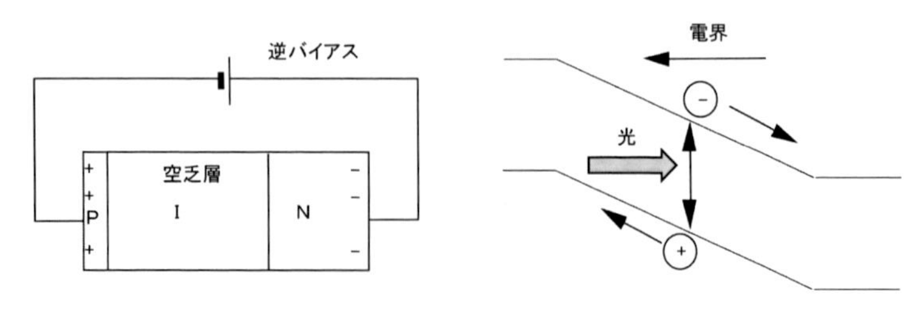

図2-4-2：PINフォトダイオードの動作原理

一方、APDは、基本的な構造はPINフォトダイオードと同様であるが、印加する逆バイアス電圧を大きくすることで、微弱な検出光電流を増倍する機能を有する。これは、電界強度を上げて加速されたキャリアが格子と衝突すると電子-正孔対が発生し、発生した電子・正孔がさらに格子と衝突し、電子・正孔対を発生するアバランシェ（なだれ）増倍効果が生じるためである。ただし、APDでは過剰雑音が発生するため、APDを用いる場合、最適増倍で動作するように受信器を設計する必要がある。

TPC-3、TPC-4等の再生中継方式を用いた大洋横断海底ケーブルシステムでは、中継器で用いるフォトディテクタとしてAPDが用いられた。一方、TPC-5以降の光増幅中継方式を用いた光海底ケーブルシステムでは、伝送路中で雑音が累積するため、雑音の影響の低減が不可欠であり、過剰雑音が発生しないPIN-PDが受信機に用いられている。現在、APDは、光増幅器を用いないPON（Passive Optical Network）やイーサネット用トランシーバ等の短距離システムの伝送距離を延伸するために用いられている。

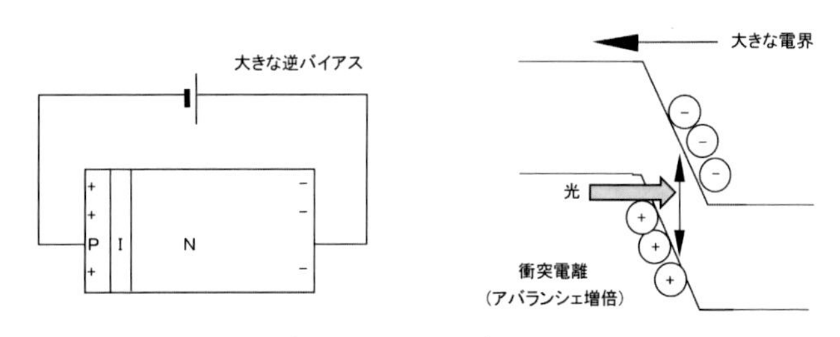

図2-4-3：アバランシェフォトダイオードの動作原理

“0”と“1”の符号を、光の強度の違いで伝送する強度変調方式の場合、フォトディテクタにより変換された電気信号の電圧をしきい値を用いて判別することにより、“0”と“1”の符号を復元することができる。受信光信号が雑音を含まない場合、誤りなく受信することができるが、受信信号が雑音を含む場合、ある確率で誤りが発生する。この確率を符号誤り率（BER：Bit Error Rate）と呼ぶ。受信信号が雑音を含む場合、電圧のヒストグラムを取ると、**図2-4-4**の右図のようになる。雑音により、“1”（“0”）の信号であるのに、電圧が判定しきい値よりも小さく（大きく）なる場合がある確率で発生し、それが符号誤りとなる。符号誤りは、雑音が多くなる程多くなる。

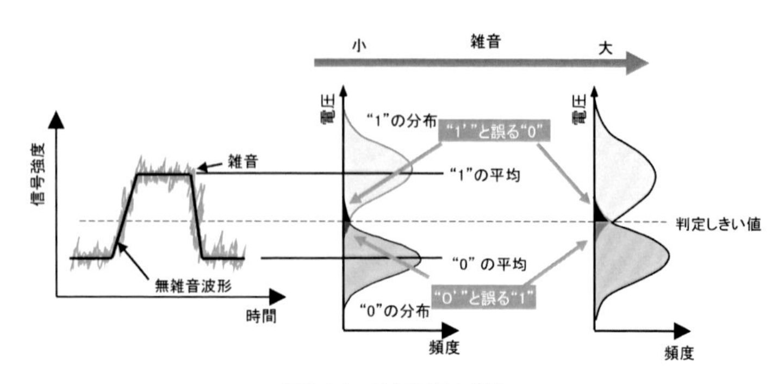

図2-4-4：受信信号の判定

受信機の特性を規定する指標としては、最小受光感度がよく用いられる。これは、受信機への入力光信号パワーを可変光減衰器を用いて変化させながら、BERを測定し、1×10^{-9}または1×10^{-12}のBERが得られる受信パワーにより示される。**図2-4-5**に400Mbit/s信号と1.6Gbit/s信号の最小受光感度の測定例を示す。この例では、1×10^{-9}のBERを基準とする400Mbit/s信号の最小受光感度は-37dBm、1.6Gbit/s信号の最小受光感度は-32.4dBmとなっている。ここで、受信光パワーの単位として用いた［dBm］は1mWを基準として表したもので、X［mW］の信号パワーは、$10\log_{10}(X)$で［dBm］に換算される。400Mbit/sから1.6Gbit/sに信号速度を4倍に高速化する場合、信号帯域が4倍拡大するのに伴い、雑音が4倍増加する。そのため、同一のBERを得るためには、同一の光信号対雑音比（光S/N比）とするため、受信信号パワーを4倍（6dB）大きくする必要がある。**図2-4-5**に示す例では、最小受光感度の差は6dBより小さくなっているため、1.6Gbit/s信号用の受信機の方がより最適化されていると言える。

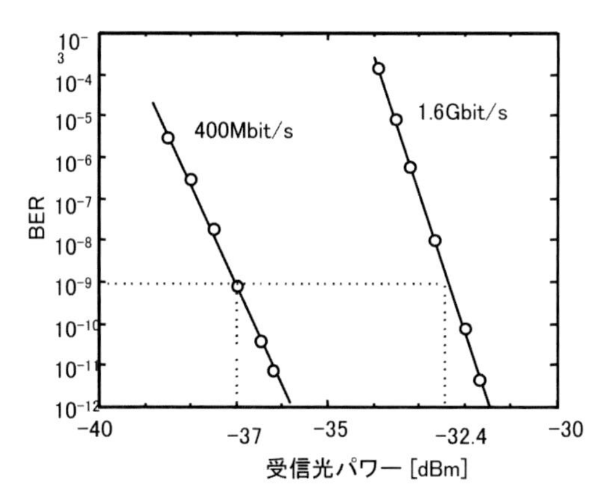

図2-4-5：最小受光感度の測定例

光通信システムの信号品質を示す指標として、符号誤り率以外にQ値もよく用いられる。これは、特に伝送速度が低速の光信号の場合、1×10^{-12}のようなBERを測定するには、長い時間を必要とすること、デシベル表示で示されるQ値を用いることで、定量的な特性比較が容易になることが理由である。Q値は、受信符号の確率密度関数がガウス分布であると仮定したときのS/N比を示すものであり、**図2-4-6（a）**に示すように、電気信号に変換後の符号“1”と“0”の平均電圧を$\mu 1$、$\mu 0$、雑音による電圧のばらつきの標準偏差を$\sigma 1$、$\sigma 0$としたとき、以下の式で表される。

$$Q \equiv \frac{|\mu_1 - \mu_0|}{\sigma_1 + \sigma_0} \qquad (2.4.1)$$

多くの場合、Q値は、10log（Q^2）で計算されるデシベル表示で示される。例えば、光S/N比が信号品質を決定する支配的要因である場合には、光S/N比が1dB大きくなると、Q値も1dB大きくなる。

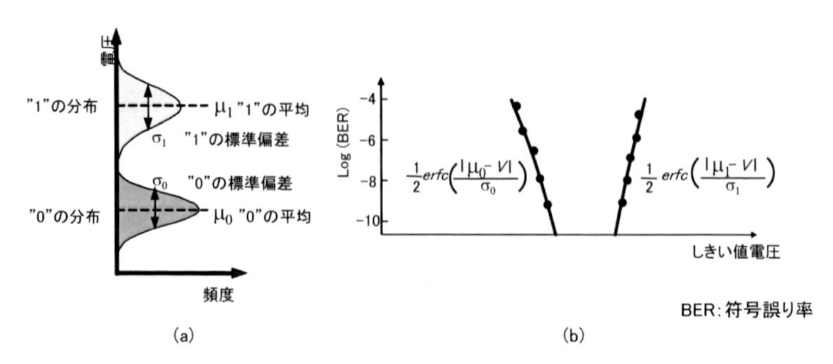

図2-4-6：Q値の測定法

Q値の測定法としては、受信信号波形をデジタルサンプリングオシロスコープで測定し、その測定波形から、μ1、μ0、σ 1、σ 0を求め、式2-4-1を用いて計算する方法がある。しかし、この方法では、信号のパターン効果やオシロスコープの雑音の影響が測定結果に加わるため、σ 1、σ 0が不正確となることも多い。そのため、**図2-4-6（b）**に示すように、判定しきい値を変化させながらBERを測定し、符号“1”側と“0”側の近似直線から求める方法[1]が一般的に用いられる。

BERとQ値は、以下の近似式により換算される。

$$BER = \frac{1}{2} erfc \left(\frac{Q}{\sqrt{2}} \right) \approx \frac{\exp\left(-Q^2/2\right)}{Q\sqrt{2\pi}} \qquad (2.4.2)$$

【参考文献】

(1) N. Bergano, F. Kerfoot, C. Davidson, “5 Gbit/s optical transmission terminal equipment using forward error correcting code and optical amplifier,” IEEE Photon. Technol. Lett., vol.5, No. 3, pp.304-306（1993）.

5 誤り訂正符号

通信システムにおいて、受信信号のSNRが十分でない場合、受信誤りが発生する。**図2-5-1**に示すように、予め送信側でデータ信号に冗長な情報を付加して伝送し、付加した冗長な情報により受信側で誤りを訂正する方式が前方誤り訂正（FEC：Forward Error Correction）である。

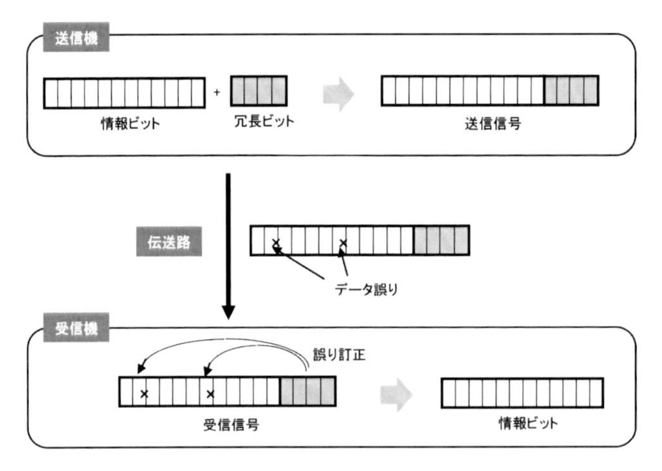

図2-5-1：前方誤り訂正方式

光通信システムに最初に本格的にFECを適用したのは1990年代の大洋横断光海底ケーブルシステムである。TPC-5において光増幅中継方式を導入した際、偏波変動に起因した伝送特性の変動が生じることが判明した。その解決策として無線通信システム等でよく知られていたリード・ソロモン符号RS（255,239）を導入し、伝送特性の変動を効果的に抑圧できることを確認した(1)。RS（255,239）符号は、大洋横断光海底ケーブルシステムに適用された後，長距離光通信システム全般において広く使用されるようになり、ITU-TのG.975勧告として国際標準となった。その後、特に長距離基幹系光伝送システムにおいて、システム余裕を確保するための必須技術となっている。

RS（255,239）符号は光通信に適用された第1世代FECと呼ばれており、239ビットの情報ビットに16ビットの冗長ビットを付加する構成となっている。そのため、冗長度は16 ÷ 239 = 7%となる。この符号を用いることにより、1.4×10^{-4}のBERを1×10^{-13}まで改善することができる。BERをQ値に換算すると、1.4×10^{-4}、1×10^{-13}の符号誤り率は、それぞれ11.2dB、17.3dBとなるため、この符号の符号化利得は6.1dBとなる。ここから冗長ビットによる増加分（10 log（1.07）＝0.3dB）を差し引いた5.8dBがネット符号化利得となる。

第2世代FECでは、誤り訂正能力を向上させるために、連接符号（Concatenated Code）と繰返し復号（Iterative Decoding）が導入された。**図2-5-2**に連接符号・繰返し復号方式の構成を示す。送信機では、1番目の符号（外符号）で符号化された情報源をさらに2番目の符号（内符号）で符号化する。受信機では、内符号から外符号の順の復号を何度も繰り返すことにより、一巡では訂正できなかった誤りを訂正する。

第2世代FECとしては、いろいろな種類の符号を組合せた方式が提案され、8～9dB程度のネット符号化利得が実現された。第2世代FECは、1990年代後半に波長多重伝送方式が広く用いられるようになり、その多波長化に伴い信号対雑音比の劣化が避けられない状況において用いられた。

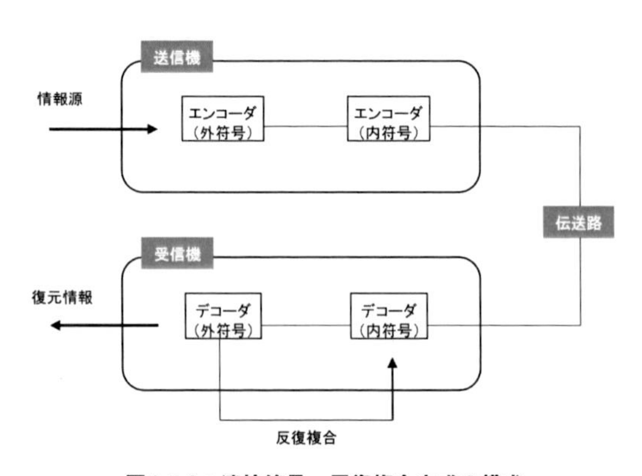

図2-5-2：連接符号・反復複合方式の構成

第3世代FECでは、軟判定を導入することにより、さらなる符号化利得の向上が図られた。第2世代までのFECでは、1つのしきい値で1か0かを判定する硬判定が用いられてきた。一方、軟判定では複数のしきい値で識別することにより、より確からしい1（あるいは0）か，不確かな1（あるいは0）かを表す信頼度情報を得た上で、誤り訂正を行う。軟判定により高い誤り訂正能力が得られる符号にターボ符号（Turbo Code）とLow-Density Parity-Check（LDPC）符号がある。ターボ符号では、BCH（144,128）xBCH（256,239）の積符号を用いた12.4Gbit/s信号用のLSIが開発され、冗長度23.9%でのネット符号化利得10.1dBが実証されている[(2)]。LDPC符号は、シャノン限界に迫る高い誤り訂正能力が得られるだけでなく、並列実装にも適しているため、40Gbit/s伝送システムや100Gbit/s伝送システム向けのFECとして開発が進められた。軟判定のLDPC符号（冗長度：13%）を内符号、第2世代FECと同様の硬判定のブロック符号を外符号（冗長度：7%）とした連接符号（全体の冗長度：20.5%）を用い、16回の繰り返し復号を行うことにより、10dBを超えるネット符号化利得が得られている[(3)]。

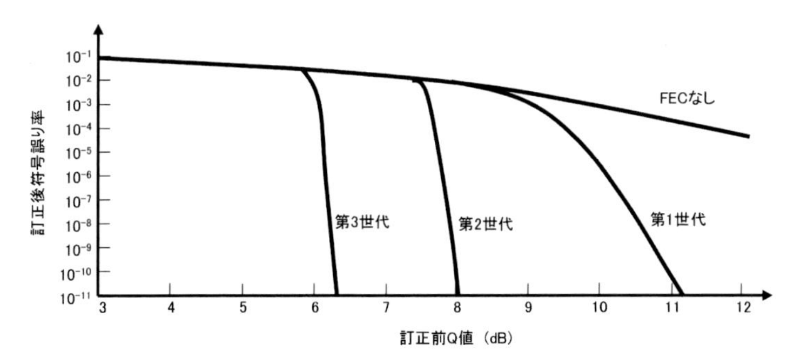

図2-5-3：第1～3世代FECの誤り訂正特性例

【参考文献】

(1) S. Yamamoto, H. Takahira, and M. Tanaka, "5 Gbit/s optical transmission terminal equipment using forward error correcting code and optical amplifier," Electron. Lett., 30, 3, p.254-255 (1994).

(2) T. Mizuochi, "Recent progress in forward error correction and its interplay with transmission impairments," IEEE J. Selected Topics in Quantum Electronics on Optical Communication, vol.12, no. 4, pp. 544-554 (2006).

(3) T. Mizuochi, T. Sugihara, Y. Miyata, K. Kubo, K. Onohara, S. Hirano, H. Yoshida, T. Yoshida, and T. Ichikawa, "Evolution and Status of Forward Error Correction," OFC/NEOEC2012, OTu2A.6 (2012).

6 光中継器

2.6.1 中継器の種類

中継器は、光ファイバ伝送により減衰した光信号を復元し次の光ファイバ区間に中継するものであり、再生中継器と光増幅中継器に大別される。**図2-6-1（a）**に、再生中継器の機能模式図を示す。光信号を、フォトディテクタで電気信号に変換（O-E変換）した後、低域通過フィルタによる波形等化（Re-shaping）、クロック抽出によるタイミング同期（Re-timing）及び符号識別後の再生（Re-generation）（3R機能）を電気段で実施し、次に、レーザを駆動して電気-光変換（E-O変換）を行う。再生中継では、電気段で、ディジタル信号を再生するため、各種の波形劣化は全てリセットされ光信号が再生される。そのため、システム設計は、再生中継区間（約50～150km）のみを対象とすれば良い。この方式は、第3章で述べる初の太平洋横断光海底ケーブル（TPC-3）及びTPC-4に導入されている。

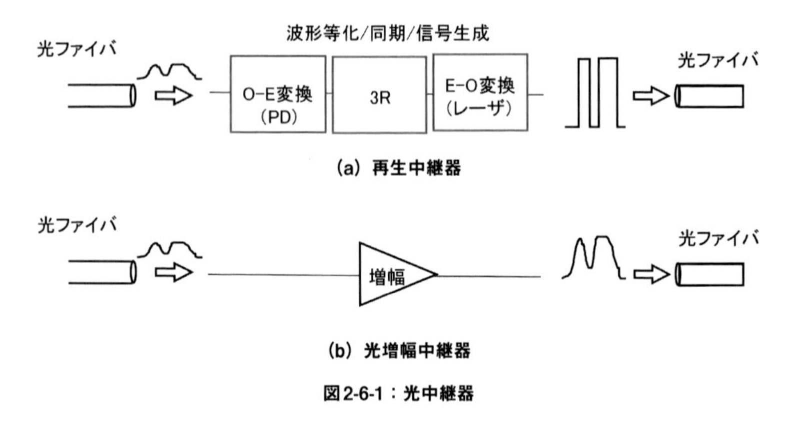

図2-6-1：光中継器

図2-6-1（b）には光増幅中継器を示す。光ファイバ伝送により減衰した光信号は、光増幅器により直接光強度が増幅される。したがって、各種の光波形劣化はそのまま累積するため、光増幅器を用いるシステムでは、システム全体での設計が必要となる。

2.6.2　光ファイバ増幅器の種類

1980年代に登場したエルビウムドープ光ファイバ増幅器（Erbium-doped fiber amplifier：EDFA）の出現以降、光ファイバ増幅器の実用レベルの研究開発が世界中で行われた。光ファイバ増幅器には、添加する添加物の種類によりいくつかの種類がある。**図2-6-2**に石英ファイバの各種光ファイバ増幅器の増幅帯域を示す。**表2-6-1**には、各波長帯の名称を示す。プラセオジウムドープファイバ増幅器（PDFA）は1300nm帯（Oバンド）、ツリウムドープファイバ増幅器（TDFA）は1400nm帯（Sバンド）、エルビウムドープファイバ増幅器（EDFA）は、1550nm帯（Cバンド）及び1600nm帯（Lバンド）が、それぞれの増幅帯域となる。なお、フッ化物ファイバの光増幅器も商用化されており、主に1300nm帯の光増幅器として使用されている。

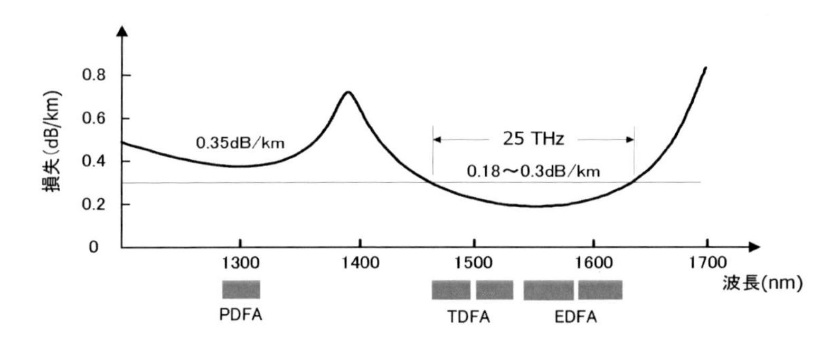

図2-6-2：石英ファイバベースの各種光ファイバ増幅器の増幅帯域

表2-6-1：波長帯の名称

名称	意味	波長帯 (nm)
O-band	Original	1260 ~ 1360
E-band	Extended	1360 ~ 1460
S-band	Short wavelength	1460 ~ 1530
C-band	Conventional	1530 ~ 1565
L-band	Long wavelength	1565 ~ 1625
U-band	Ultra long wavelength	1625 ~ 1675

(1) EDFA

長距離光ファイバ通信システムでは、第4章で述べるTPC-5以降すべてのシステムでEDFAが使用されている。**図2-6-3**に示すように、波長1480nm帯または980nm帯の光をエルビウムドープファイバ（EDF）に入力すると、1550nm帯（Cバンド）の入力光信号が増幅される。

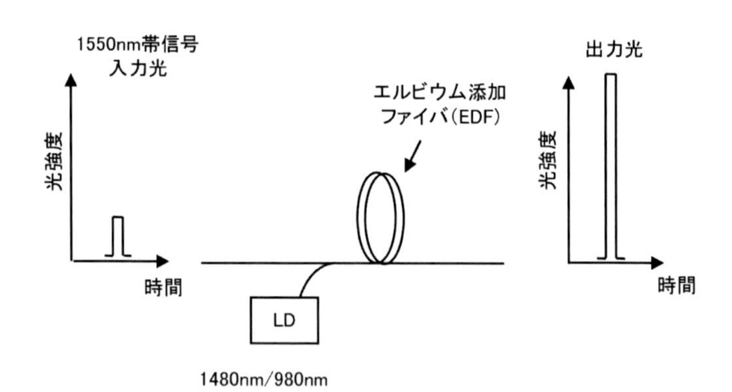

図2-6-3：EDFAの基本構成と信号光増幅

詳細な説明は第4章で述べるが、EDFAにおける光増幅は、**図2-6-4**に示すように、基底準位N1にある電子が980nmまたは1480nmの光励起により上位のエネルギー準位に励起され、それが準位N2（N1とN2のエネルギー差が1550nmの波長に相当）に遷移後に、再び基底準位N1に誘導放出される過程で光増幅が行われる。増幅に寄与しない自然放出光は光雑音（Amplified Spontaneous Emission Noise：ASE雑音）となる。N1からN2に励起される電子数の割合を反転分布率と呼ぶ（増幅反転分布係数n_{sp}の逆数）。

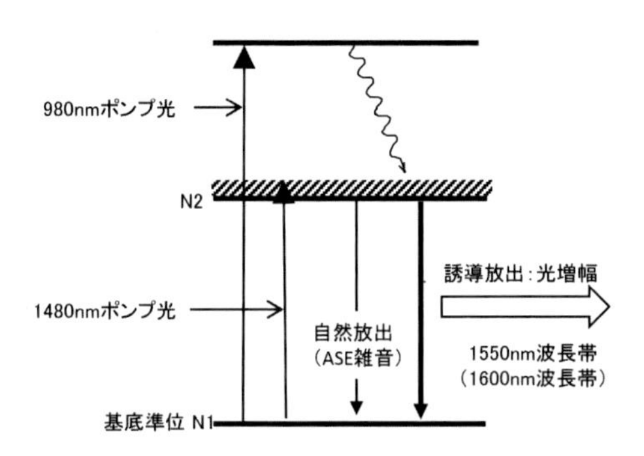

図2-6-4：EDFAにおける光増幅過程

図2-6-5に、平均反転分布率をパラメータとして、EDFAの単位長当たりの利得である利得係数の波長依存性を示す。980nm励起では、N1の全ての電子をN2に励起することが可能で、平均反転分布率100%となり、1536nm近傍に強い利得ピークを持つ光増幅特性が得られる。$n_{sp} = 1$となるためASE雑音は最小である。一方、完全な反転分が形成できない1480nm励起の場合は（例えば図の80%の反転分布係数）比較的なだらかな増幅特性となる。最初の光増幅方式の光海底ケーブル（TPC-5、4章参照）では1480nmn励起のCバンドEDFAが使用され、10Gbit/sのWDMシステム（6章）以降の光海底ケーブルでは雑音特性に優れた980nm励起のCバンドEDFAが使用されている。

一方、反転分布率を40%程度とすると、**図2-6-5**に示すように、小さいながら利得ピークが1600nm近傍に移る。EDFを長尺化して利得を大きくすると、Lバンド帯の光増幅器が実現される。Lバンド増幅器は、DSFでWDM伝送用の有限な波長分散を得るため、増幅帯を長波長にシフトする光通信システム（主に陸上システム）で用いられている。

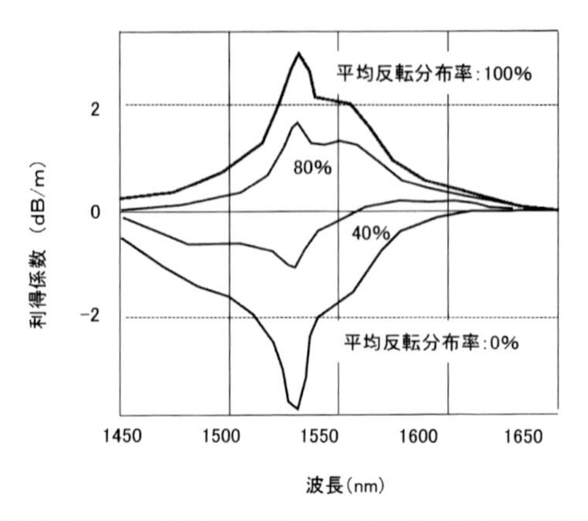

図2-6-5：利得係数の波長依存性（パラメータ；平均反転分布率）

(2) ラマン増幅

EDFAは集中定数型の光増幅器であるが、もう一つの代表的な光ファイバ増幅器は分布定数型のファイバラマン増幅器である。**図2-6-6**に示すように。石英ガラス中に強い励起光（ポンプ光）を入射すると、石英結晶の格子振動と励起光の相互作用により約100nm長波長側に散乱光（ストークス光）が発生し誘導ラマン散乱が起こる。光ファイバにストークス光と同じ波長帯の光信号が入射すると、誘導ラマン散乱により光信号が増幅される。2.1で述べたように、純粋石英コアの場合には、ポンプ光より1.32THz低い周波数（1550nm帯では、約100nm長波長）で利得がピークになる。**図2-6-7**にピュアシリカコアファイバに1450nmのポンプ光を入射した時の正規化ラマン利得の測定例を示す。1450nmのポンプ光から約100nm離れた1550nm波長帯で光増幅利得がピークとなっていることがわかる。

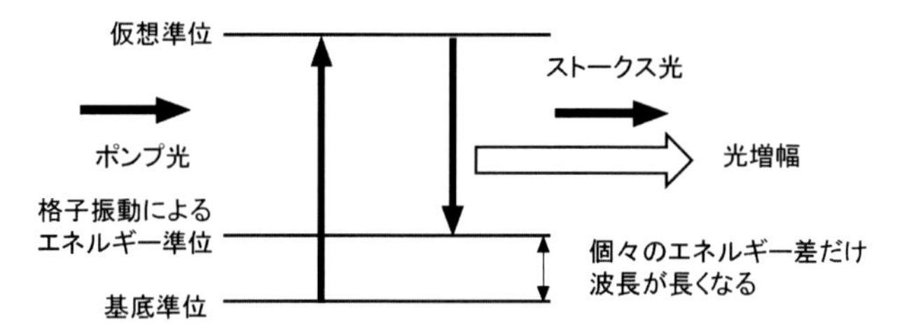

図2-6-6：ラマン増幅過程

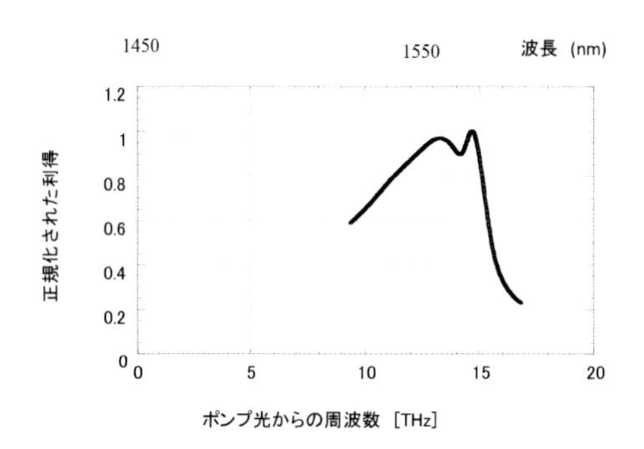

図2-6-7：ピュアシリカコアファイバのラマン利得の測定例

ラマン増幅では、光ファイバそのものが光増幅器となるため、**図2-6-8**のように、光ファイバ伝送路を見かけ上、ロスレスにすることができる。ラマン増幅の効率は光ファイバの損失が少ないほど、また非線形効果が大きいほど、大きくなる。ラマン増幅器の特徴として、励起光の波長により増幅帯域を自由に設定できる点が挙げられる。EDFAとラマン増増幅をハイブリッドで使用し、波長帯域を拡大することも可能である。さらに、ラマン増幅器は、等価的な雑音指数が小さく光ファイバへの光信号の入力パワーを下げることができるため、光ファイバの非線形光学効果の影響を緩和することが可能となり、高速信号伝送に適している。

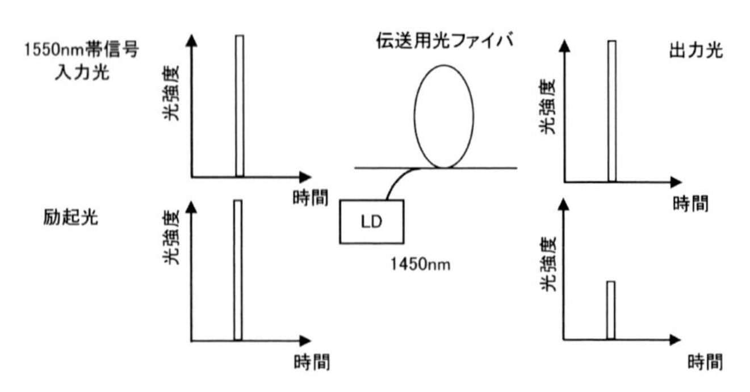

図2-6-8：ラマン増幅による無損失ファイバ光信号伝送

【参考文献】

(1) 中川、中沢、相田、萩本：光増幅器とその応用、オーム社、1992

(2) G.P. アグラワール著、小田・山田訳：非線形光ファイバ光学、吉岡書店

第3章

再生中継方式による
長距離光ファイバ通信システム

1 光再生中継伝送

光再生中継では、システムを設計するうえでの伝送距離が中継器の間隔となる。代表的な例としては、1.3μmの波長帯を用いたTPC-3の約50km、1.5μmの波長帯を用いたTPC-4の約130kmである。基本的に0と1からなるディジタル信号を光信号として伝送する。

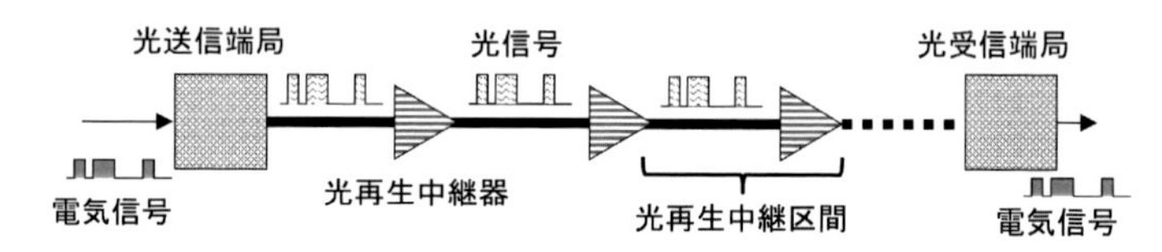

図3-1-1：光再生中継伝送の構成

図3-1-1は光再生中継伝送の構成を示しており、再生中継区間の符号誤り率 ε は通常 10^{-11} 以下の非常に小さい値に設計される[(1)]。このように設計された中継区間をn段接続すると、誤り率はほぼn倍になる。

$$\left\{1-\left(1-\varepsilon\right)^{n}\right\}\approx n\varepsilon \quad \left(\varepsilon\ll 1\right) \qquad (3.1.1)$$

大洋横断光海底ケーブルではnの値が数10～100と大きくなるため、1中継区間の誤り率が 10^{-9} の場合、100段伝送後には 10^{-9} となる。伝送されるサービス内容が音声や映像の場合は問題ないが、データサービスなどでは支障が生じる場合がある。そのため、伝送品質をほぼエラーフリーに近い状態で実現することが要求される。

2 光再生中継器

図3-2-1は光再生中継器の基本的な構成を示している。光ファイバ伝送後の光信号はフォトダイオード（PD）で電気信号に変換される。光ファイバの損失によって信号が減衰するだけでなく、波長分散の影響などにより波形歪みも生じるため、まず等化増幅器によって

低周波成分の強調増幅を行い、信号の識別がしやすいように波形整形を行う（Reshapingと呼ばれる）。自動利得制御増幅器で一定出力となるように増幅された後、識別回路で0か1に判定される。その際、どのタイミングで判定するかが重要であるが、同期回路でクロック周波数を抽出するとともに1周期のどの位相で判定するかを決定する(Retimingと呼ばれる)。識別回路からは0と1からなる矩形波パルス列が再生される(Regenerationと呼ばれる)。矩形波パルス列はLD(レーザダイオード）駆動回路で駆動されLDにより光パルス列に変換される。

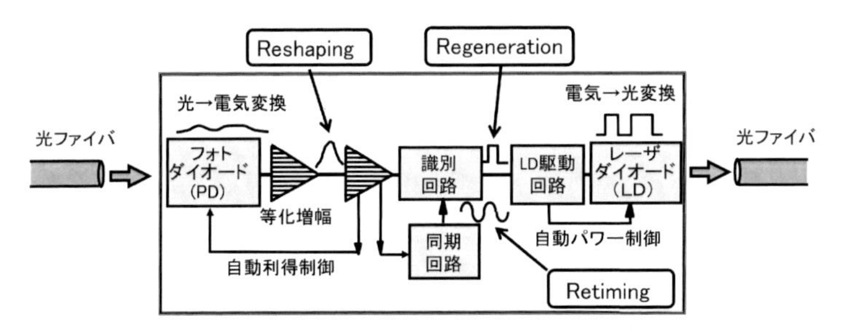

図3-2-1：光再生中継器の構成

再生中継器ではその入口で光信号を電気信号に変換するPDの特性が重要である。**図3-2-2**はpin(p型、真性、n型半導体)-PD、アバランシェPD、および理想的な光受信を意味するショット雑音限界の受信パワーに対する符号誤り率を示したものである。ビットレートは10Gbit/s、変調フォーマットはNRZ（Non-Return-to-Zero)、温度は300K、PDとAPDの内部量子効率は0.8、APDの増倍率は100、過剰雑音指数は0.5として計算されたものである。

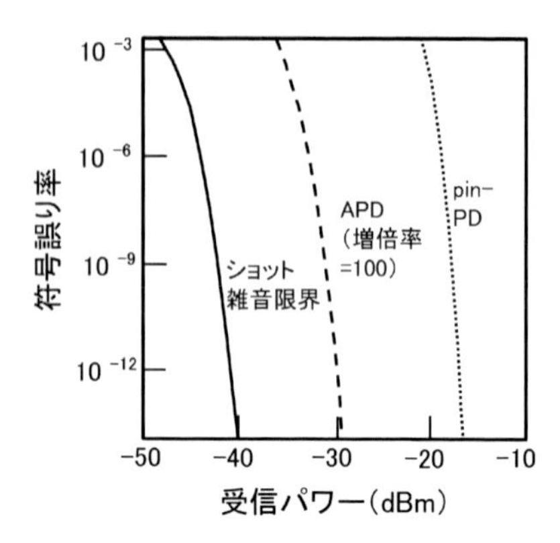

図3-2-2：PIN-PDとAPDの受信パワーに対する符号誤り率。10Gbit/s、NRZ、300K、内部量子効率は0.8、APDの増倍率は100、過剰雑音指数は0.5と仮定。

例えばAPDを使用した場合、10^{-9}以下のエラーを達成するためには受信パワーは約-33dBm、すなわち0.5μWが必要である。この受信パワーは平均パワーを示している。0と1からなるパルス列において1が出現する割合（マーク率）を50%とすると光パルスのパワーは1μWである。このことを示したものが**図3-2-3**である。10Gbit/s、NRZ信号の1に相当するパルス幅は10^{-10}秒（0.1ns：ナノセカンド）であるから、パルスのエネルギーは10^{-16}ジュール（J）で、1.5μmの光の場合は750個のフォトンに相当する。

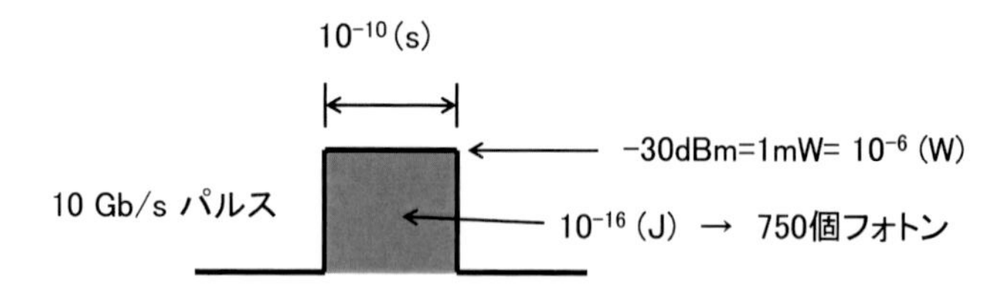

図3-2-3：10Gbit/s、NRZ信号の1に相当する単パルスのパワーと時間幅からパルスが持つエネルギー、すなわちフォトン数が計算できる。

3 1.3µm帯光海底ケーブルTPC-3

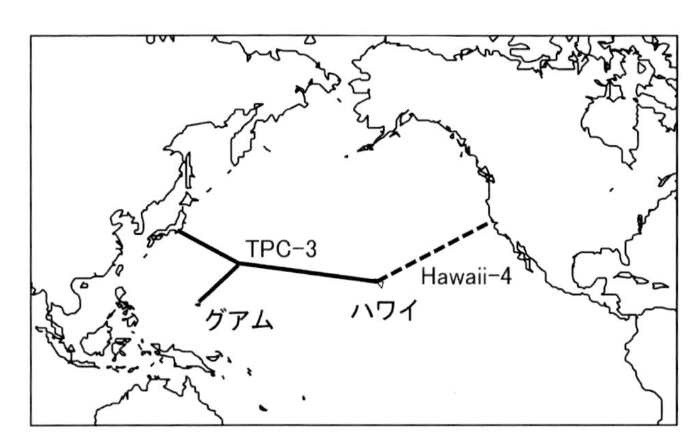

図3-3-1：日本-グアム-ハワイを結ぶTPC-3とハワイ-米国本土を結ぶHawaii-4による初めての日米光海底ケーブル

日米間の初めての光海底ケーブルは**図3-3-1**に示すTPC-3[(1)]とHawaii-4とから構成された。使用された光ファイバは1.3µm帯で波長分散がゼロとなる通常のSMFである。1.3µm帯では光ファイバの損失が約0.5dB/kmで1.5µm帯の0.2dB/kmに比べると大きいが波長分散がほぼ零になるいわゆる零分散波長帯であるためFPレーザのような多波長で発振する半導体レーザが使用可能であった。PDはGeからなるAPDで過剰雑音指数が1と大きく、結果的に中継間隔は約50kmであった。しかし、ファイバ当たりの伝送容量が280Mbit/sで1章の**図1-1**に示したようにそれまでの同軸ケーブルとは比べものにならないほど広帯域であった。

4 1.5µm帯光海底ケーブルTPC-4

図3-4-1に示すTPC-4[(2)]は、光ファイバの最低損失波長帯である1.5µm帯の単一波長レーザの使用により波長分散の影響を極力低減することができ、伝送容量はファイバ当たり560Mbit/sと倍増し、かつ

研究フェーズから商用システムへ

TPC-4の実現に向けて、1.5μm帯半導体レーザ、しかも単一波長レーザの実現は大きなキーポイントであった。1.3μm帯半導体レーザを用いたTPC-3の次のシステムには1.5μm帯半導体レーザを用いることがかなり早くから言われた。一つは光ファイバの損失が最低となり中継間隔が2.5倍程度になり日米直結が実現し経済効果も大きい。もう一つは1.5μm帯半導体レーザを世界に先駆けて実現し、その成果に関するニュースがたまたま朝日新聞の1面トップに掲載され、その余勢を駆るようなところがあった。

この研究成果が出たのが1979年で、この頃はまだTPC-3の計画が検討され始めたばかりであった。1985年頃になってTPC-3が商用化の道を歩み始めると、1.5μm帯の単一波長レーザを用いた次世代システムの計画が急に動き出した。研究段階から一気に商用化に持って行くような感じがあり、まだまだ研究段階と思っていた研究者にとっては相当なプレッシャーとなった。「清水の舞台から飛び降りる」とはこのことかと思われた。そこで、筆者の一人（秋葉）は清水寺の舞台をわざわざ見に行ったことある。舞台の下をのぞいてそこから飛び降りるとどうなるのか見てみようと思ったのである。よく下を見ると当時は舞台の下には大きな木が生い茂っていた。あのあたりの枝にうまく引っ掛かれば怪我は免れないが死なないかも知れないと思ったりしたものである。TPC-4は1992年に完成し運用を開始した。研究成果が出始めた1979年から13年後であるが、太平洋横断システムのような大型のケーブル計画は商用化が決まってからも相当の年数を要する。従って、研究者にとっての開発期間はかなり短いものに感じられる。ちなみに、1992年頃には次節に述べる光増幅中継システムの開発が本格化し始めていた。しかも1995～1996年にかけて建設され運用が開始された。研究フェーズから商用システムまでの期間がまずます短くなっていった。

中継間隔が130km以上に大幅に延伸された。TPC-4では、Geがコアにドープされた通常SMFではなく、さらに低損失のピュアシリカコアファイバを採用した。光受信においてもTPC-3で用いられた雑音が大きいGe-APDから、より低雑音のInGaAs/InP-APDになったことも中継間隔の拡大に寄与している。中継器の数を半数以下に抑えることで日米直結のシステムが実現されたが、第2章の要素技術の光ファイバと光送信、光受信のデバイスの特性向上に負うところが大きいと言える。

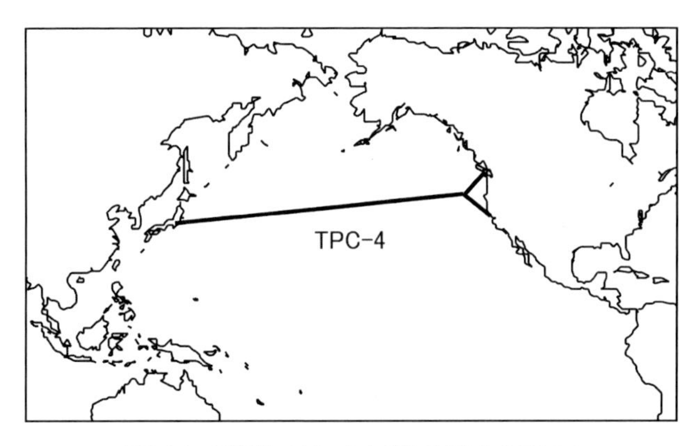

図3-4-1：日米間、日本-カナダ間を直結したTPC-4

5 高ビットレート化における再生中方式の課題

TPC-3の280Mbit/sからTPC-4の560Mbit/s、そしてその先は当然1Gbit/s、10Gbit/sという高速化のシナリオがあった。一方でいろいろな課題も浮かび上がっていた。**図3-2-1**の再生中継器の構成から分かるように入口と出口を除けば多くの電子部品と回路から成っている。ビットレートが上がっていくとそれらの電子部品と回路も当然高速化していく必要がある。また、誤りなく伝送するためにはパルス1個に含まれるフォトン数としてある一定数が必要である。ビットレートが増えると言うことはパルス幅が小さくなるので光パワーは大きくなる。電子回路の高速化も当然消費電力の増大を招く。高速化に伴う信頼性の確保・保証も課題になる。こうした背景をもとに光増幅技術が脚光を浴びることになっていった。

【参考文献】

（1）Y. Niiro, "The OS-280M optical fiber submarine cable system" , IEEE J. Lightwave Tech., vol. LT-2, No. 6, (1984)

（2）E. Nazuka, Y. Ogi, K. Shimizu, H. Homma, T. Tanabata, A. Nagai, Y. Yamazaki, and H. Yamamoto, "OS-560M optical submarine cable system," in Tech. Dig., 2nd Int. Con6 Opt. Fiber Submarine Telecom. Syst., Suboptic' 93. Versailles, France, paper 8.2, (1993)

第4章

光増幅中継方式による長距離光ファイバ通信システム

1 光増幅

長距離通信トラフィックのますますの増大に伴い、毎秒ギガビットオーダーへの要求が高まり伝送技術の革新が求められるようになった。光再生中継方式でそのままビットレートを増大させることに伴う難点が顕在化してきたのに対して、以前から少しずつ研究が進められてきた光増幅方式が注目を集めるようになった。特に、1989年の光ファイバ通信会議（OFC）で、NTTから半導体レーザ励起によるエルビウムドープファイバ増幅器（Erbium Doped Fiber Amplifier：EDFA）が発表されてからは、EDFAを用いるシステム研究が世界中で急速に立ち上がった[(1),(2)]。長距離光海底ケーブルへの適用が本格的に検討される契機になったのは、1989年の秋に欧州光ファイバ通信会議（ECOC）で発表された12台のEDFAを用いる904㎞の光増幅多中継伝送実験結果の報告である[(3)]。それまで100㎞程度の光再生区間が、一気にその10倍以上へ拡大し、光ファイバシステム設計から光ファイバの損失の課題を解決できることを実証したからである。

表4-1：再生中継方式と光増幅中継方式との比較

再生中継	光増幅中継
● 高速アナログ/デジタル ICs	● 低速アナログ IC
● 変調/ビットレートに依存する	● 変調/ビットレートに依存しない
● 中継器間隔 に基づいた設計	● End-to-end に基づいた設計
● 分散と非線形は中継器でリセット	● 分散と非線形は累積
● BER は累積	● 雑音は累積
● 偏波による効果は中継器でリセット	● 偏波による効果は累積
● 各波長ごとに中継器が必要	● 多波長一括で中継可能

表4-1は光再生中継方式と光増幅中継方式の特徴をまとめたものである。再生中継方式では、光信号を光-電気-光変換により再生中継するため、再生中継器には、高信頼度の電子回路やICを高速化する必要があり、ビットレートに応じた個別の対応が必要なことなどが最

も大きなデメリットであった。

一方、光増幅方式は、**図4-1-1**に示すように、ファイバのコア部分にエルビウム（Er）をドープし、これを1.48μmあるいは0.98μmの強い光で励起すると1.5μm帯で増幅作用を持つEDFAを中継器として用いるものである。きわめて簡単な構成であり、また、高速の電子回路やビットレートへの個別対応が不要となったことから、中継器の大幅なコストダウンが可能となった。

EDFAを応答速度という観点から見ると非常に遅くミリ秒オーダーである。例えば1kHz程度の矩形の光パルスを入射すると波形がひずむ。では何故毎秒ギガビットといった高速パルスを増幅できるのかである。EDFAから見るとギガビットの変化は見えずに一定の光（電気信号で言えば直流）としか認識されないためと言える。**表4-1**に「変調／ビットレートに依存しない」とあるのはこのためである。EDF（エルビウムドープファイバ）は数mから数10mと長く、その長さの間で平的としてどのパルスもほぼ均等に増幅（誘導放出）することになる。微々たる増幅を長さで稼いでいるとも形容できる。

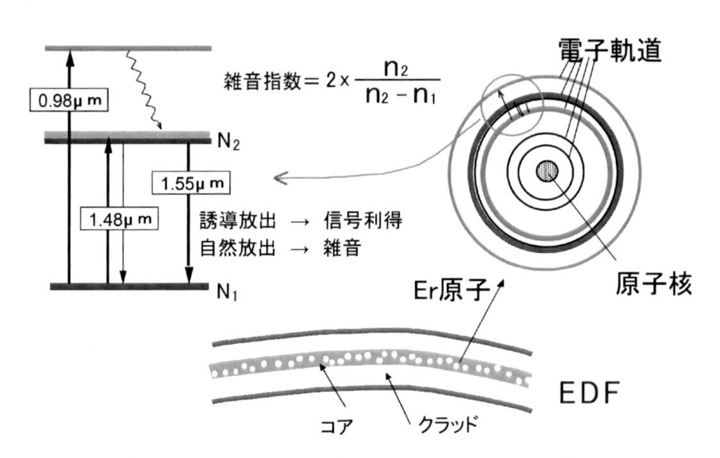

図4-1-1：エルビウムをドープしたファイバ（EDF）、電子軌道、エネルギー準位の模式図

一方で光増幅器は大きな雑音（自然放出）発生を伴う。その雑音特性は基本的には$2 \times n_2 / (n_2 - n_1)$で近似される雑音指数で決まる。ただし$n_i$（i=1,2）は準位$N_i$における電子の数を表す。1480nm励起の場合は信号波長1550nmと接近しているためN_2とN_1からなる2準位系に近く、十分な反転分布（$n_1 \fallingdotseq 0$）を実現するのが難しい。一方，980nm励起は3準位系を構成するため十分な反転分布が達成され，雑音指数として理想的な値2（＝3dB）に近い値が得られる。**図4-1-2**は典型的なEDFAの入出力特性と雑音指数特性を示したものである。980nm励起を想定しており、入力信号が小さいところで雑音指数は理論限界値3dBに近い値を示す。入力信号が大きくなると出力が飽和するとともに、反転分布率が劣化（n_1が増大）して雑音指数は増大する。すなわち雑音特性が悪化する。なお、1480nmの光で励起した場合は、雑音指数が増大する。また、出力の飽和特性は出力パワーという観点では劣化となるが、後述するように多段増幅中継システムでは出力の安定化に寄与する。

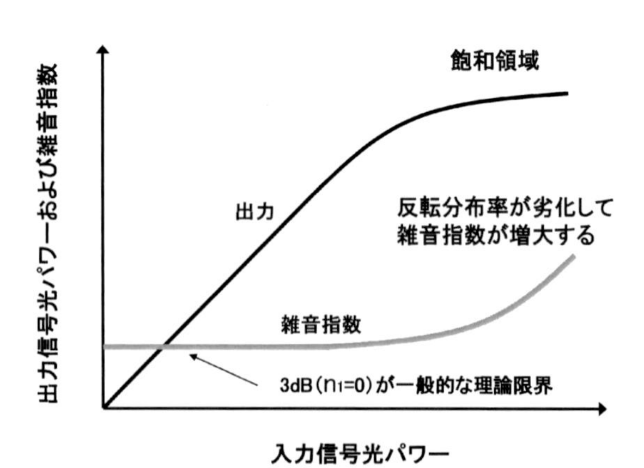

図4-1-2：光増幅器の入出力特性と雑音指数

光ファイバ増幅器と半導体光増幅器

光増幅中継システムの研究開発の当初は半導体光増幅器の検討も行われた。光ファイバ増幅器の検討と平行する形で10中継程度の伝送実験に関する詳細なデータ取得を行い比較検討がなされた。両者は雑音特性、応答速度及び偏光依存性が異なるが、決定的な差異は伝送の安定性であった。半導体光増幅器は入力端と出力端における光ファイバとの接続損失や増幅利得の偏光依存性などの問題があり多段に増幅中継したときの安定性に欠けていた。一方で、光ファイバ増幅器にはそういった問題がなく10中継程度の多段増幅では極めて安定していた。

2　光増幅多中継伝送システム

このような増幅を一定の間隔（数10km～100km）で多段中継伝送するシステムを示したのが**図4-2-1**である。信号の再生（波形整形やタイミング再生）を長距離にわたって行わないため，光雑音，信号ひずみ，タイミングジッタなどが累積する。

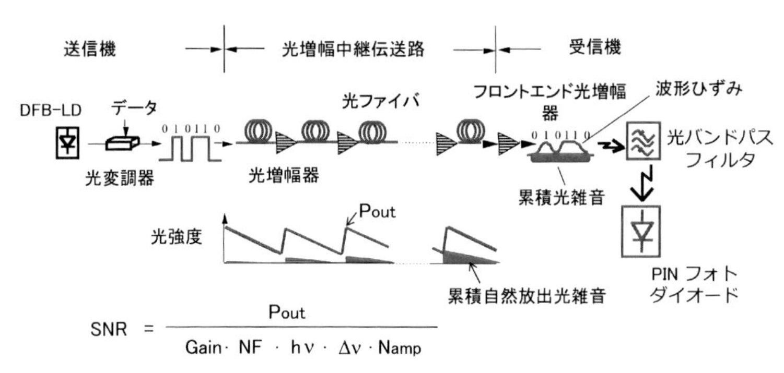

図4-2-1：光増幅器を多段接続した多中継システム

図4-2-2（a）はEDFAの利得の波長依存性を模式的に示したものである。光増幅器1段だけの場合は30nm以上のかなり広い範囲の波長

をカバーするが、多段になると破線で示したように非常に狭い帯域となる。これはバンドパスフィルタを多段に重ねたのと同様な効果であり、セルフフィルタリング効果と呼ばれる。そこで同図 **(b)** のようにEDFAの特性と逆の波長依存性を持つ利得等化フィルタを挿入することで多段に接続した場合もかなり広帯域の増幅利得が確保できるようになる。

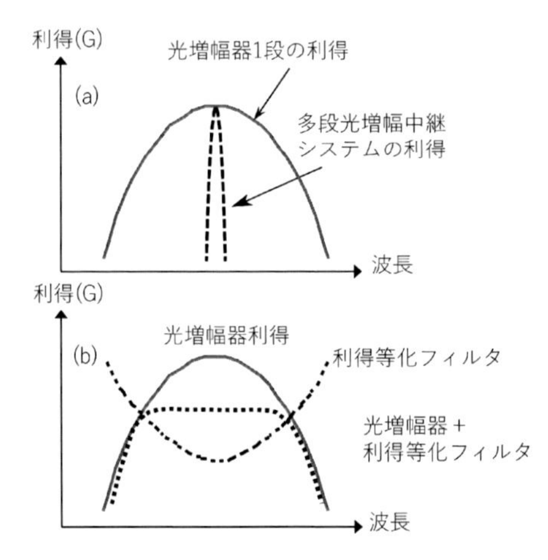

図4-2-2：光増幅器の波長特性（依存性）と等化フィルタ

図4-2-3は光増幅器の回路構成を示したもので、EDFのほかにさまざま光部品が使用される。光ファイバの損失によって減衰した入力光信号が左から光増幅器に入ると、まずモニタカプラで一部の光が分岐され入力光の大きさをPDでモニタする。入力光アイソレータを通過後、WDMカプラで信号光と励起光が合波されEDFに入射される。出力光アイソレータの後に配置されている利得等化フィルタは**図4-2-2 (b)** に示したように波長特性を平坦化するためのもので、6章で述べる波長多重伝送では非常に重要な素子である。

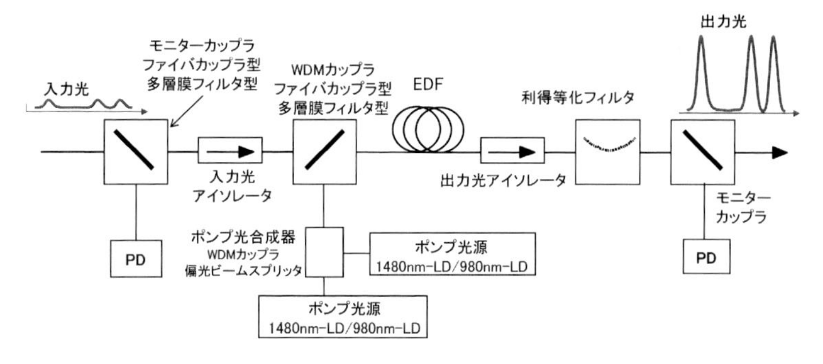

図4-2-3：光増幅器の一般的な構成

3 システム開発

長距離光増幅中継システムの例として、初めての太平洋横断光増幅システムである第5太平洋横断ケーブル（Trans-Pacific Cable-5：TPC5）の実現に向けたシステム開発について述べる。開発に当たって目標とするビットレートが5Gbit/sに定められた。通信トラフィック需要の増大からTPC-4の10倍近い値が設定された(4)。ITU-Tで定めるハイアラーキーからするとビットレートは2.5Gbit/s、あるいは10Gbit/sとなるところであるが、海底ケーブルシステムでは陸揚げ局でビットレートの変換を行って陸上システムと接続すればよいという認識があり、当時はハイアラーキーに必ずしも一致していなかった。

図4-3-1は開発の対象となった光増幅器の構成である。**図4-2-3**に比べるとよりシンプルな構成となっている。

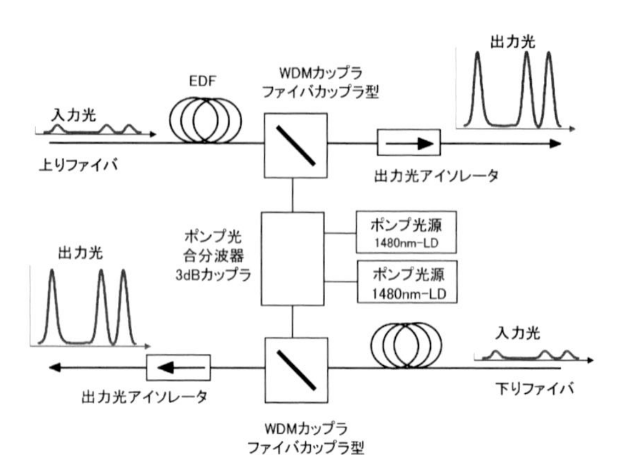

図4-3-1：TPC-5向けに開発された光増幅器の構成

上り伝送路を日本から米国向けとすると米国から日本向けは下り伝送路に相当し、上下2本はファイバペアと呼ばれる。2個の1480nm励起レーザが上りと下りのEDFを励起する構成となっており、仮に1個のレーザが故障しても利得が低下するだけで光増幅は維持される冗長構成になっている。入出力のモニタカプラとPD、入力アイソレータ、利得等化フィルタなどは省かれている。光増幅器の数が多くなることもあり、なるべく簡素化を図った構成である。このような光増幅器を多段接続し、**図4-2-1**のようなシステムを構成することになる。

光増幅器に使用する光部品（光アイソレータやWDMカプラ）は僅かな（通常0.1-0.3dB程度でかなり小さい）偏光依存性を有するため、光増幅利得も偏光依存性を有する。温度変動などのため伝送路の途中で光信号の偏波面が不規則に変化すると光増幅器の出力もそれに従って変化する。中継段数が多くなるとその出力変動も大きくなる。そこで送信光信号の偏波面を最初から強制的に変化（スクランブリング）させることによって、特性を劣化させる特定の偏波面を生じさせないようにする工夫も行った。実システムには、50KHz程度で偏波を変える低速偏波スクランブラを採用した。また、光ファイバの断面が完全な真円でないため光信号の偏波面によって屈折率が僅かに異なり光信号の進む速度に差が生じる。これは2.1で述べたように偏波モード分散と呼ばれる。光信号の偏波面が時々刻々と変化する環境下では前述の光増幅器の偏光依存性とこの偏波モード分散が信号対雑音比の時間変動（フェージングと呼ばれる）を引き起こす。例えば同じ010110パターンのNRZ信号を受信した時の波形の概念図を**図4-3-2**に示す。2.4節の**図2-4-4**と基本的に同じで、統計的な波形とも言える。

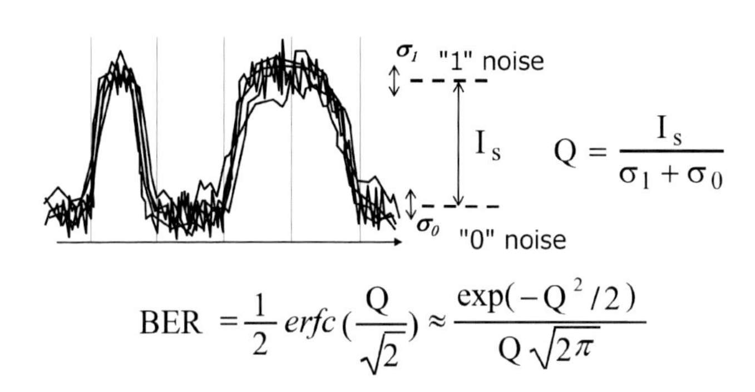

図4-3-2：受信される光信号の模式図

信号対雑音比が比較的大きく波形歪みも小さい場合は同図のように0と1は明確に判定できるが、雑音や歪みが大きかったりすると判定誤りが生じる。その時のBERは同図に示した式のように、Q値の関数として表される（2.4参照）。フェージングが起こる状況下ではこのQ値が時間的に変動する。システム開発においてはこのフェージングをどう見積もるかか大きな焦点となった。光信号が多くの光部品を通過する多中継システムにおける伝送特性は、当初は数100km～1,000kmの伝送路を信号が何回も周回する周回実験（5章において詳細説明）を用いて行ったが、最終的には実際に太平洋横断の距離（約9,000km）に相当する大規模伝送試験設備（テストベッドと呼ばれた）を用いて行われた。9,000kmのテストベッドは、共同開発者のAT&TとKDD（当時）がそれぞれ半分の4,500kmずつ供給し、1992-1995の3年間、AT&Tの研究所のあるフリーホールドに設置された。

図4-3-3は4,500km分のテストベッドの写真である。ラックの前面には光増幅器の利得を調整（実際には励起レーザの出力を調整）するた

めのつまみとその設定値を示すLEDが並んでおり、その背後に伝送路となる光ファイバが収容されている。中継間隔は約33kmに設定され、使用された伝送ファイバは分散シフトファイバ（2.1節参照）である。再生中継システムの開発では中継区間の長さを詳細に評価すればよかったが、長距離光増幅システムの開発ではこのように実際のシステム長に相当する試験設備が必要とされた。

図4-3-3：システム開発に使用された大規模室内実験設備（テストベッド）

共同開発による開発期間の大幅な短縮

TPC-5の商用化開発はKDDとAT&Tベル研究所との共同開発という形で進められた。後述の「Conservation of Grief」もその中で生まれた。共同開発は両社のエゴがぶつかり合ってうまく行かない場合も多いが、TPC-5の開発はうまくいった好例であろう。光再生中継方式とは全く異なる新たな光増幅中継方式を採用し、1990年頃から開発を始めて、1995から1996年にかけて25,000kmにおよぶ環太平洋ケーブルネットワークの建設が完了し運用が開始された。ベル研究所としては近来まれに見る超スピード開発だったようである。

このような実環境に近い実際の9,000kmのストレートラインテストベッドを用いて、長期間にわたって伝送試験、監視試験、信頼性試験など実用開発に必要なあらゆる試験が行われた(5)。いろいろなパラメータの設定変更を行いながら特性把握を繰り返すことになるが、光増幅器の出力レベルの調整は約270台の増幅器すべてに対して行う必要があり、その設定作業だけでも長時間を要した。また、実環境下での偏波変動を模擬するために光ファイバの温度を変化させたり、光信号の偏波を送信時に変化させたりいろいろな試みがなされた。**図4-3-4**は長時間にわたってQ値を測定したときの変動の様子を模式的に示したものである。通常、測定は夜間に自動で行い、翌朝その結果を集計し解析することが多かったが、時には測定が連続数日間に及ぶこともあった。

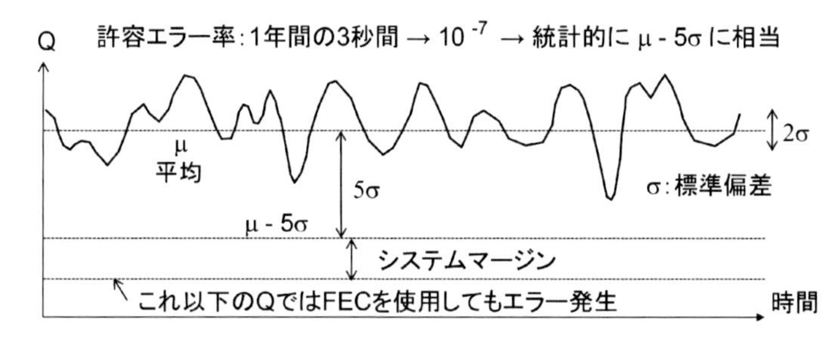

図4-3-4：伝送特性を表すQ値の時間変動

フェージング状況下でのシステム評価は長距離光増幅システムの新たな重要なポイントであった。基本的に通信システムには24時間、365日正常に動作することが求められる。すなわち通信が途絶えることは許されない。とは言え、実際のシステムで完全はあり得ない。そこで長距離通信システムが満足すべき故障時間（エラー発生時間）の基準である1年に3秒以内（10^{-7}）を目標とした。**図4-3-4**のようなQ値の長期間の分布を取ると、正規分布をやや非対称にしたマックスウェル・ボルツマン分布に近似され、その平均をμ、分散の平方根（標準偏差に相当）をσとして、μ-5σが所定のBERに相当するQ値以上であることが目標とされた。所定のBERは実質的にエラーフリー（10^{-12}以下）、あるいは10^{-9}以下とされた。このQ値とμ-5σとの差が設計上のシステムマージンとなる。

フェージング現象（悲しみ保存の法則）に悩む

図4-3-4に示したQ値の時間変動、すなわちフェージングには大いに悩まされた。そもそもフェージングという現象を表す言葉は無線通信や移動体通信の世界でもっぱら用いられ、光ファイバ通信の世界では無縁と思われていた。ところが、いろいろな要素が9,000kmもの長い距離にわたって積み上がる長距離システムでは光ファイバの世界でも無縁では無かった。むしろ顕著であった。μ-5σを目標以上にするために手を変え品を変え伝送試験を繰り返したが、なかなかうまくいかなかった。平均値μが大きい結果が得られたと思ってσを計算すると非常に大きくがっかりした。また、変動が小さく安定した長期特性だと喜んでいると平均値が小さかった。このように開発当初の頃はどうあがいてもμ-5σは大きくならなかった。これを「Conservation of Grief」（日本語で「悲しみ保存の法則」）と呼んだ人がいた。この開発に参加した全員が納得した名言であった。

4 光増幅システムの特徴

長距離光増幅システムの特徴について以下にいくつか紹介する。まず第1点は局所的な障害に対して自己回復特性を持つことである。**図4-4-1**はその例を模式的に示したものである。ファイバのあるところ（障害箇所）に何らかの原因で損失増加が発生したとする。当然その箇所で増加した損失分だけ光レベルは下がり、次の段の光増幅器には設計値よりも低いレベルの光が入力される。すると光増幅器の利得飽和特性により**図4-4-2**に示すように所定の光入力時に比べて大きな増幅利得が得られる。結果的に**図4-4-1**のように何段かの光増幅器を通過するうちに信号レベルは回復する。もちろん元々の設定が**図4-4-2**の入力と出力が比例する領域（非飽和領域）にある場合はこのようなことは起こらない。ほとんどの長距離光増幅システムは利得飽和領域での動作と言ってよい。

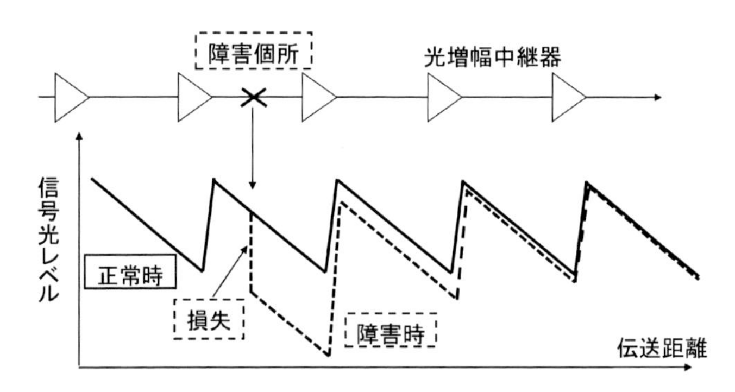

図4-4-1：多段光増幅システムで障害（例えば光ファイバの損失増）が起こった場合の光信号レベル。利得飽和特性により信号レベルは徐々に回復する。

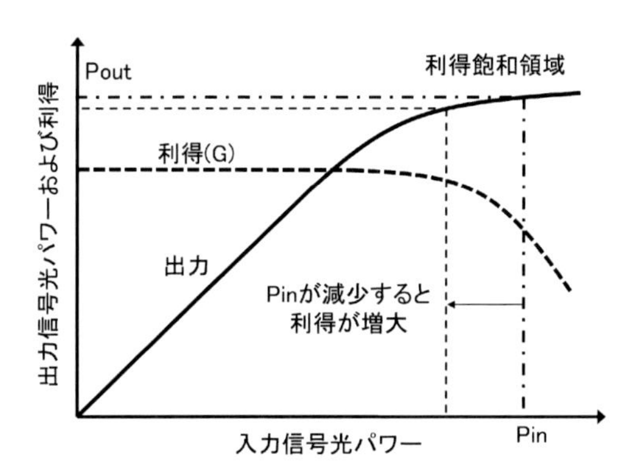

図4-4-2：光増幅器の利得飽和領域における出力回復

次に光ファイバの損失分布や障害点の測定に用いられるOTDR（Optical Time Domain Reflectometry：光時間領域反射計測）の長距離光増幅システムへの適用を目指して開発されたコヒーレントOTDRについて述べる[6]。OTDRは光パルス試験器とも呼ばれるように大きな光パルスを光ファイバに入射し、その後方レイリー散乱やフレネル反射の伝搬時間から損失の距離依存性を計測するものである。光パルスの幅が距離分解能に直結するため短パルスが用いられる。一方、複数の光増幅器を通過する長距離光増幅システムでは短パルスは遠くまで伝搬されないため使用できない。そこで、光信号の振幅は一定で光パルスに相当する部分だけ光信号の周波数をシフトさせ、そのシフトさせた部分の反射光をコヒーレント受信の方法で高感度に検知する方法が考案された。

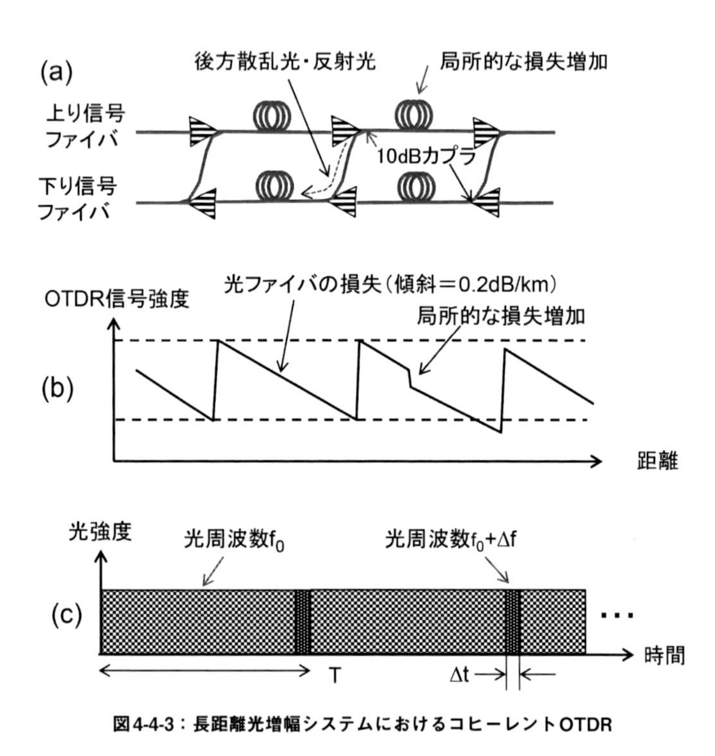

図4-4-3：長距離光増幅システムにおけるコヒーレントOTDR

図4-4-3はそれを模式的に示したものである。**(a)** に示すように光増幅器の出力部分に10dBカプラを配し上り光ファイバからの後方散乱光を下りの光ファイバに伝搬させる仕組みである。2個の10dBカプラを経由するので後方散乱光は20dBの損失を受けるが、高感度コヒーレント受信により **(b)** に示すように多段にわたって光ファイバの損失分布や局所的な損失増加などが計測できる。**(c)** は計測用光信号を示したものである。通常のOTDRの短パルスに相当する部分の光周

波数が基準周波数f_0からΔfだけシフトされており、Δtの部分についてヘテロダインコヒーレント検波を行い光ファイバの後方レイリー散乱光や局所からの反射光を計測する。Tは計測距離に相当する時間である。9,000kmの場合は45msである。距離分解能を確保するために通常Tに対してΔtを非常に小さい値に設定する。そのため高度な平均化処理を行うことで **(b)** のような計測結果を得ることができる。

5 TPC-5ケーブルネットワーク

光増幅中継方式を用いたTPC-5ケーブルネットワークが完成したのは1996年である。**図4-5-1**に示すように太平洋を横断し日米を直結する北ルートとグアムとハワイを経由する南ルートの2本のケーブルがリング上に構成され、それぞれがバックアップするリングネットワークとして建設された。総延長距離は約25,000kmである。伝送容量はTPC-4のほぼ9倍にあたる5Gbit/sで、後に波長多重によりさらにその2倍になった。2ファイバペアで構成され、それぞれのファイバペアが相互にバックアップするリングネットワークとして働くようになっている。日本と米国には2カ所の陸揚げ局があり、光増幅器やファイバペアの故障・障害、あるいはケーブルの切断障害などに対して最も迅速な回復が図られるようにプロテクションが作動するように設計された。

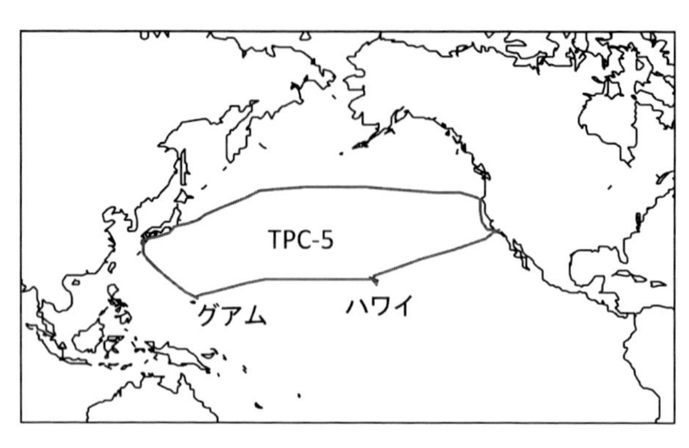

図4-5-1：光直接増幅中継を用いたTPC-5ケーブルネットワーク

このように当初から北ルートと南ルートのリング構成になった背景には、5Gbit/sという大きな伝送容量が衛星通信ではバックアップできなくなり、ケーブル自体がバックアップ体制を持つことが不可欠になったためである。

6 TPC-5以降の開発に向けて

5Gbit/sもの大容量ケーブルが実現されたわけだが、その1995年頃から商用インターネットのトラフィックが徐々に増え始め需要の勢いがさらに増していった。そこで着目されたのが波長多重伝送である。そのシステムの詳細は第6章に述べるが、TPC-5の開発から大幅な性能向上のためには新たに何が必要かということが明らかになった。一つは光増幅器の雑音である。TPC-5では励起レーザの開発状況や要求される信頼度の観点から1480nm励起レーザが使用された。**図4-1-1**の説明でも述べたが、1480nmでの励起では信号の波長と近く十分な反転分布が得られないため雑音指数が大きかったが、980nm励起レーザを用いることにより雑音特性は大きく改善される。例えば、雑音指数3dB小さくなると、多中継増幅システムの場合には中継器数を2倍に増やす、すなわちシステム全長を2倍に伸ばすことに相当し大洋横断システムにおける効果は極めて大きい。もう一つは光ファイバである。TPC-5では分散シフトファイバの開発状況により実効断面積はあまり大きくできず非線形光学効果の影響を受けやすくなっていた。これを大きくすることにより非線形光学効果の影響を少なくすることができるため光信号の入力パワーレベルを大きくすることができる。これらの詳細については、6章の波長多重伝送のところで述べる。

【参考文献】

(1) M. Nakazawa, Y. Kimura and K. Suzuki, 'Soliton amplification and transmission with an Er3 + -doped fiber repeater pumped by InGaAsP laser diode', OFC' 89, PD2, Feb. 9, 1989

(2) H. Hagimoto, K. Iwatsuki, A. Takada, M. Nakazawa, M. Saruwatari, K. Aida, K. Nakagawa and M. Horiuchi, 'A 212km non-repeatered transmission experiment at 1.8Gb/s using LD pumped Er3 + -doped fiber amplifiers', OFC' 89, PD15, Feb. 9, 1989

(3) N. Edagawa , Y. Yoshida, H. Taga, S. Yamamoto, K. Mochizuki, and H. Wakabayashi, "904 km, 1.2 Gbit/s non-regenerative optical fibre transmission experiment using 12 Er-doped fibre amplifiers", Electronics Lett., vol. 26, No. 1. (Jan. 1990)

(4) H. Taga, N. Edagawa, S. Yamamoto, and S. Akiba, "Recent progress in amplified undersea systems", IEEE J. Lightwave Tech., vol. 13, no. 5, pp. 829-840 (1995)

(5) N. S. Bergano, C. R. Davidson, G. M. Homsey, D. J. Kalmus, P. R. Trischitta, J. Aspell, D. A. Gray, R. L. Maybach, S. Yamamoto, H. Taga, N. Edagawa, Y. Yoshida, Y. Horiuchi, T. Kawazawa, Y. Namihira, and S. Akiba, "9000 km, 5 Gbit/s NRZ transmission experiment using 274 Erbium-doped fiber-amplifiers", in Tech. Dig., Opt. Amplifiers and Their Applications. 3rd Topical Meet., OAA' 92, Santa Fe, NM, paper PD11, (1992)

(6) Y. Horiuchi, S. Ryu, K. Mochizuki, and H. Wakabayashi, "Novel coherent heterodyne optical time domain reflectometry for fault localization of optical amplifier submarine cable system", IEEE Photonics Tech. Lett., vol. 2, No. 4, (1990)

(7) S. Akiba and S. Yamamoto, "WDM Undersea Cable Network Technology for 100Gb/s and Beyond", Optical Fiber Technology, vol. 4, pp. 19-33, April, (1998)

第5章

非線形性を考慮した分散制御方式による高速・長距離光ファイバ通信システム

伝送距離が1万㎞におよぶ大洋横断光増幅中継システムでは、伝送中に生じる各種の伝送特性劣化要因が距離と共に累積するため、伝送用光ファイバが本質的に有する波長分散特性と非線形光学特性により伝送波形が著しく劣化し、伝送速度の高速化が難しい。前節で述べた5Gbit/sの単一波長の太平洋横断光海底ケーブル、TPC-5の開発以降、伝送速度を4～8倍に拡大する高速伝送システムの検討を進めたが、従来の矩形のNRZ光信号を用いて太平洋横断の長距離光伝送を行うと、伝送速度を10Gbit/s以上に高速化することが困難であった[1]。本章では、高速伝送に適したRZ光信号を用いる20～40Gbit/sの単一波長長距離光伝送システム技術を述べる。

1　10Gbit/s、9,000㎞　NRZ光信号伝送

図5-1-1は、NRZ光信号波形とRZ光信号波形の概念図である。NRZ光信号では、データパターンによって光波形が異なり、「1」が連続するところでは光強度が時間的に一定な連続光的な波形となる。一方、RZ光信号ではどのようなデータパターンにおいても「1」を示す光波形はパルス状で形状が同じである。光強度に対して屈折率が変化する非線形光学効果に対し、RZ光信号は、どの光信号も一様の挙動をするため、非線形光学効果への対応がNRZ光信号の場合より簡便となる。

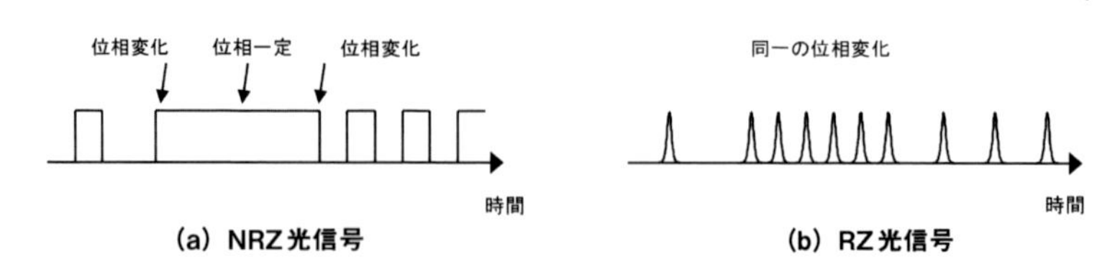

図5-1-1：NRZ光信号とRZ光信号の非線形光学効果による位相変化

図5-1-2に、TPC-5開発用の9,000㎞のストレートラインテストベッドを用いた10Gbit/sNRZ光信号の受信波形を示す。ゼロ分散波長での

信号伝送では、非線形光学効果の影響が顕著になり良好な伝送特性は得られず、本試験では、信号波長をわずかに長波長に設定することで、符号誤り率10^{-9}以下の最良の伝送特性を達成している。ここで注目すべき点は、矩形のNRZ光信号は、光ファイバ伝送中に非線形光学効果の影響により孤立パルスはRZ化し、連続パルスは立ち上がり／立下り部でパルス圧縮している点である。光増幅器の出現以来、特に太平洋横断級の長距離光ファイバシステムでは、非線形光学効果は避けては通れず、非線形光学効果を一様に制御可能なRZ光信号は好ましい信号形式といえる。

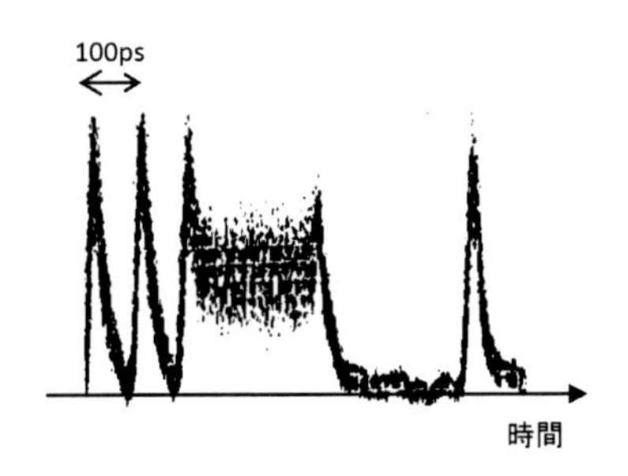

図5-1-2：10Gbit/s NRZ光信号の9,000km伝送後の受信波形

2　光ソリトン伝送方式

RZ光信号で非線形光学効果を利用した代表的な方法が光ソリトン伝送方式である。光信号の波形を変えずに高速の光信号を伝送する光ソリトン伝送方式は、従来伝送特性劣化要因とされていた、光ファイバの波長分散によるパルス広がりと光ファイバの非線形光学効果によるパルス圧縮とをバランスさせ、長距離の光ファイバを波形を変えることなく伝送するものである。光ソリトン伝送方式の歴史は古く、その原理は1973年にAT&Tの長谷川らにより非線形シュレディンガー方程式の安定解として理論的に提唱された[(2),(3)]。その後、1980年にAT&TのMollenauerらにより光ファイバ中のソリトンが初めて観測され、1988年にラマン増幅器を用いる6,000㎞の長距離伝送が実証された。実験的検討が本格化したのは、1989年にNTTの中沢らによって、損失のある光ファイバとEDFAを用いる光増幅システムにおいても、光ファイバの区間平均パワーにおける非線形効果と波長分散効果をバランスさせれば、ほぼ理想的な光ソリトン伝送が可能であることが示されてからである[(4),(5)]。

5.2.1 光ソリトン概要

無損失光ファイバの非線形を考慮した波動方程式は下記の非線形シュレディンガー方程式で表される

$$i\frac{\partial q}{\partial Z}+\frac{1}{2}\frac{\partial^2 q}{\partial T^2}+|q|^2 q=0 \qquad (5.2.1)$$

ここで、q、Z及びTは、それぞれ正規化された光電界、場所及び時間を表す。上記の方程式の安定解が光ソリトンであり、光ソリトン波形は、チャープフリー（フーリエトランスフォームリミット）のハイパブリックセカントの2乗（$sech^2$）で表される。損失のある光ファイバとEDFAを用いる光増幅システムでの光ソリトンの伝搬理論は、中沢らの1989年の実証以来、各国で盛んに研究された。光増幅システムにおいて、光ソリトンが生成される条件は下記の様に表される[(6)]。

$$P_{sol}=\frac{0.776\lambda^3 A_{eff} D}{\pi^2 c n_2 \tau^2} \qquad (5.2.2)$$

ここで、P_{sol}は光ソリトンのピークパワー、A_{eff}は光ファイバの実効断面積（μm^2）、D（＞0）は波長分散（ps/nm/km）、n_2は非線形定数（m^2/W）、τは光パルスの半値全幅（ps）、λは波長、cは光速である。ただし、集中定数型の光増幅器であるEDFAを用いた光増幅中継システムでは、光増幅器の間隔Z_aは下記のソリトン周期Z_0より、十分小さく設定する必要がある。

$$Z_0 = \frac{0.322\pi^2 c\tau^2}{\lambda^2 D} \qquad (5.2.3)$$

その際、光ファイバに入射する光パワーは、P_{sol}より大きくし、光ファイバの区間平均パワーをソリトン条件を満足するよう設定する必要がある。EDFAを用いる光増幅システムの光ソリトンは、ダイナミックソリトン(5)、パスアベレージソリトン(6)、ガイディングセンターソリトン(3)等と呼ばれている。

光ソリトンは、光ファイバの波長分散値D、光非線形性のパラメータn_2/A_{eff}、光パワーレベルP_{sol}、光パルス幅τのsech^2型の光波形の全ての値が、ソリトン条件を満たすときに生成される非線形伝搬方程式の固有値であるが、各種条件がわずかにずれていても、光パルスはその固有値に自然に近づく特徴がある。ただし、条件から大きく異なる場合は、非ソリトン成分である分散波が発生し、光ソリトンは消滅する。

図5-2-1を用いて、光ファイバ中のソリトンの生成の様子を定性的に説明する。

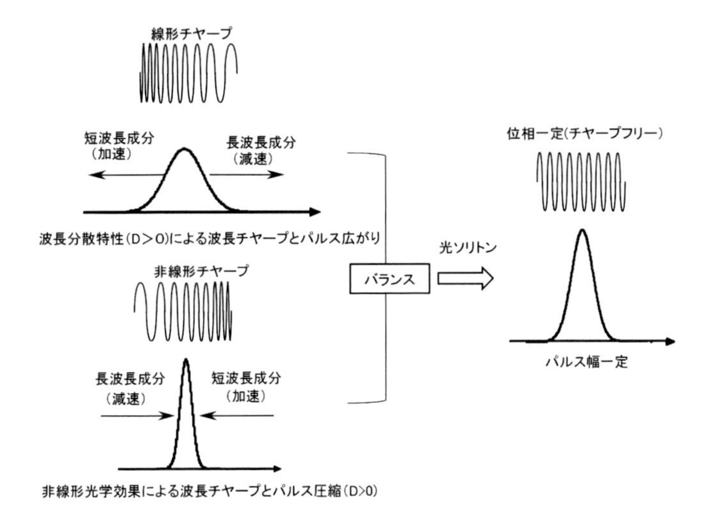

図5-2-1：光ファイバ中のソリトン生成

光信号波長が零分散波長より長い場合には、波長分散特性（D＞0）により、長い波長（低い光周波数）ほど遅く、短い波長（高い光周波数）ほど速く伝搬する。光パルスは、そのパルス波形によって決まる各種の周波数成分、すなわちパルス波形をフーリエ変換して得られる周波数成分を有する。このため、光ファイバ中で光パルスを伝送すると、光信号波長がゼロ分散波長近傍でない限り、光ファイバの波長分散によって線形な波長チャープを受け、パルス幅は広がる。光ソリトンが形成される正分散では、波長分散特性により、短波長成分（高周波数成分）は加速され、長波長成分（低周波数成分）は減速されてパルス幅は広がる（**図5-2-1**左上）。一方、第2章で述べたように、光ファイバの非線形光学効果である自己位相変調（SPM）により、光パルスの立ち上がり部と立下り部では、新たに長波長成分（低周波数成分）と短波長成分（高周波数成分）がそれぞれ非線形の波長チャープとして生成される。D＞0では、立ち上がり部の長波長成分(低周波数成分)は減速され立下り部の短波長成分（高周波数成分）は加速されるため光パルスは圧縮される（**図5-2-1**左下）。波長分散や光波形などの各パラメータがソリトン生成の条件を満たす場合のみ、線形チャープは非線形チャープで完全に打ち消され、光パルス波形は一定、チャープフリーで位相が一定の光ソリトンが形成される（**図5-2-1**右側）。

光ソリトンを通信に応用する場合は、「1」のデータごとに光パルスを送信する必要があるが、隣接するパルス間の干渉を抑制するためには、データ間隔対してパルス幅がその1/5以下になるように十分小さくする必要がある。ソリトン伝送用の短パルス光源の代表例は、モードロックレーザやファイバリングレーザであり、光の共振器長で決まるパルス間隔の短光パルス列を生成可能である。一方、筆者らは、EA変調器を正弦波で駆動する小型で安定、かつ簡便な手法を提案した[(7)]。**図5-2-2**にEA変調器を用いる光短パルス発生の原理を示す。EA変調器の光出力は、電圧に対してほぼ指数関数的に減少する。EA変調器へ一定振幅のレーザ光を入射し、EA変調器に、深い直流バイアス電圧を加え、正弦波電圧で変調すると、光出力は**図5-2-2**に示すような短パルスとなる。EA変調器の出力特性が非線形であるために、EA変調器の光出力特性と正弦波の積がガウス型と$sech^2$型の中間的な波形となるためである。

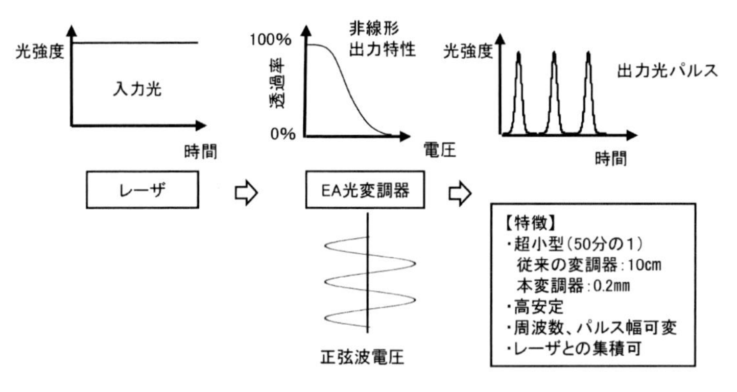

図5-2-2：吸収変調型ソリトンパルス発生法の原理

図5-2-3に10GHzの正弦波電圧でEA変調器を駆動して生成した光パルスの波形及び光スペクトルを示す。光パルス波形は、ガウス型と$sech^2$型の中間で、パルス幅は15psであり、パルス間隔100psの1/5以下を十分満足している。スペクトル半値幅は23GHzであり、時間帯幅積は0.34であった。これは、フーリエトランフォームリミットの$sech^2$型パルスの時間帯幅積0.315に近く、過剰なスペクトル広がりはほとんど生じていないことを示している。正弦波駆動型EA変調器を用いるパルス光源は、パルス幅や繰り返し周波数を従来のように光共振器長に制限されることなく、自由に設定可能であるため、その後の多くの光ソリトン伝送実験に使用された。

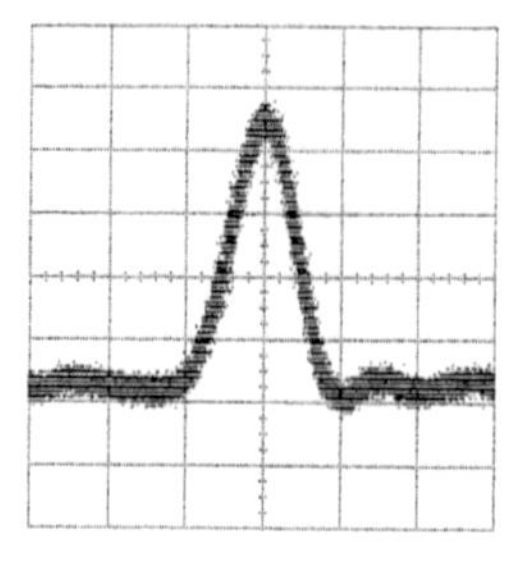

(a) 時間波形（半値幅：15ps）

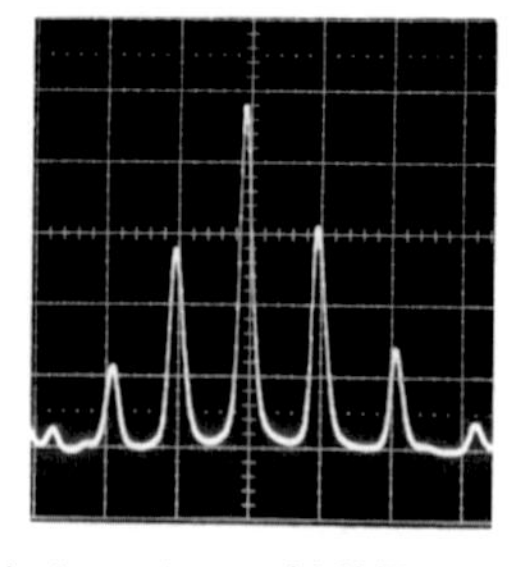

(b) 光スペクトル（半値幅：23GHz）

図5-2-3：正弦波駆動型EA変調器による短光パルス生成

ソリトン光源誕生秘話

通常のデータ変調器の研究が一段落した頃、共同研究をしていたBell研のBergano氏から、評価のためEA変調器の貸し出しの申し出があり、筆者の一人（鈴木）が現地に持参した。半年後、10Gbit/sでの1万km以上の光ソリトン伝送に成功したので1992年のOFCのポストデッドラインペーパに発表するとMollenauer博士から連絡を受けた。彼らは通常のデータ変調器ではなく、EA変調器の低偏波依存特性を活かして受信器側で光TDM信号を分離する光デマルチプレクサに使用していた。EA変調器の専門家以外からのこの発想は大変刺激になった。その改良のための実験を行っている時に、目の前のオシロスコープに見覚えのある超短パルスが現れ、EA変調器を正弦波変調するだけでソリトン通信用の超短光パルスを生成する方法を発見した。結果は、全く新しい安定なソリトンパルス発生法として3か月後のCLEO92のポストデッドラインペーパで発表した。外部の研究者との交流は、双方の刺激になり技術分野の進展に欠かせないと感じた。

5.2.2 タイミングジッタ

波形が変わらない光ソリトンでも、光増幅中継システムでは、増幅器の雑音と光ファイバの非線形光学効果、及び、波長分散特性の相互作用による受信パルス列のタイミングジッタ（光パルス列の時間軸上の揺らぎ）によって、伝送特性が大きく制限される。光ソリトン伝送における主要なタイミングジッタは、キャリア周波数揺らぎの生成原因により以下の種類がある。

(1) Gordon-Hausジッタ

光増幅器が出す光雑音によって生じる光強度の揺らぎは、SPMにより光ソリトンのキャリア周波数揺らぎに変換される。周波数揺らぎは、光ファイバの波長分散によって光パルスの到着時間の揺らぎに変換される。これは、Gordon-Hausジッタ[(8)]とよばれ、光増幅器を用いる光ソリトン伝送における最大の課題である。Gordon-Hausジッタは、下記に示すように、伝送距離Lの3乗で増加するため、伝送距離を著しく制限する要因となる。

$$\left\langle \delta\tau^2 \right\rangle = \frac{0.1959 h n_2 \alpha\beta F(G) L^3 D}{A_{eff}\tau} \qquad (5.2.4)$$

ただし

$$F(G) = \frac{(G-1)^2}{G \ln(G)^2} \qquad (5.2.5)$$

ここで、$<\delta\tau^2>$は光パルスの到着時間の揺らぎの分散値、Gは光増幅器の利得、Lは伝送距離（千km単位）、hはポッケルス定数、αは光ファイバの損失係数、βは光増幅器の過剰雑音指数である。

(2) ソリトン - ソリトン干渉によるジッタ

隣接する光ソリトンパルスが近接する場合、光パルスの裾野部のわずかな重なりにより光パルスの強度及び屈折率がわずかに変化する。ソリトン - ソリトン干渉によるジッタは、この屈折率の変化によるキャリア周波数揺らぎが原因で生じるものである。パルス間隔をパルス半値幅の5倍以上とするなどして隣接光パルス間隔を十分広く取れば、ソリトン - ソリトン干渉によるジッタを低減できるが、ビットレートが高くなって短パルス化すると、Gordon-Hausジッタが増大するので注意が必要である。

(3) ファイバの音響光学効果によるジッタ

光ファイバの音響光学効果によるデータパターン依存型のキャリア周波数揺らぎが原因で生じるタイミングジンタも存在し、光ファイバの波長分散特性や伝送距離によってはGordon-Hausジッタより大きくなるとの指摘もある。

5.2.3　ソリトン制御

長距離光ソリトン伝送においては、前節で説明したタイミングジッタの中でもGordon-Hausジッタの抑圧が最も重要である。Gordon-Hausジッタは、前述したように非線形性による光ソリトン波形の中心周波数の揺らぎが、波長分散のある長距離光ファイバ伝送後、時間軸の揺らぎ$\langle \delta\tau^{2} \rangle$に変換されたものである。周波数領域や時間領域でタイミングジッタを抑制する方法をソリトン制御と呼ぶ。下記に代表的ソリトン制御技術を述べる。

(1) 周波数スライディングガイディング光フィルタ

光バンドパスフィルタを伝送路中に挿入して、光パルスの平均周波数が光フィルタの中心周波数からずれると損失がわずかに大きくなるようにすることによりキャリア周波数の揺らぎを低減することができる（**図5-2-4 (a)**）。ただし、中心波長が固定の光フィルタを用いると光雑音が中心周波数近傍に累積してしまう。これを避ける方法が、光フィルタの中心周波数を伝送距離にあわせて少しずつ変える周波数スライディングガイディング光フィルタ方式である[9]。光ソリトンは光ファイバ伝送中に常時SPMにより新しい周波数成分を生成するためスライディング周波数ガイディングフィルタにトラップされるように、距離とともにその中心周波数を変えながら伝搬する。一方光雑音は中心周波数の変化に追従しないため、いずれ光フィルタの帯域外となる。この方式では、光雑音と光ソリトン信号光の帯域が分離されるため、著しい効果がある。本方式の実用上の課題は、各中継器が具備する光フィルタの中心周波数がすべて異なることによる、中継器作製上とシステム保守上の煩雑さと、入力信号波長と出力信号波長が異なることによるシステム設計／管理の煩雑さである。

(2) 同期強度／位相変調

伝送路中に光強度変調器または光位相変調器を入れて、光パルス列の本来のタイミングに同期して強度／位相変調を行うことにより、中心位置からからずれた揺らぎをもつ光パルスを、中心位置に戻す方法を同期変調法と呼ぶ[10]。強度変調器の場合、同期した光変調器が、本来のパルスの位置からわずかに離れると損失が増加する光ゲートを形成することにより、時間揺らぎを直接抑制することができる（**図5-2-4（b）**）。本方式の実用上の課題は、インライン光変調部において、高信頼の超高速光変調器と高速電子回路が必要になることと、超高速変調信号を細い入力光パルス（例えば、半値幅10p秒＝10^{-11}秒）に常に安定に同期させることにある。

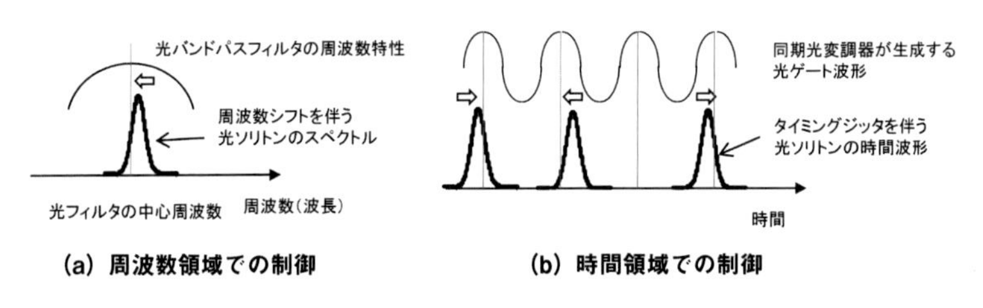

(a) 周波数領域での制御　　**(b) 時間領域での制御**

図5-2-4：タイミングジッタを抑制するソリトン制御

以上の方法はジッタ抑圧の観点からは非常に有効である。周波数スライディングガイディングフィルタ方式では10Gbit/s～20Gbit/sの光ソリトン信号を数万km伝送可能であり、同期強度変調方式では、10Gbit/sでは100万km以上、40Gbit/sで数万km以上にわたって安定な光ソリトン伝送できることが実証されている。しかしながら、上記のように、実用上数々の課題を抱えており、光増幅中継システムの持つ「簡便な中継技術」という利点をかなり犠牲にしなければならない。

3 分散制御（マネージド）ソリトン伝送方式

従来のタイミングジッタ抑制方法は、周波数軸上または時間紬上で光信号周波数の揺らぎまたは光パルス列のタイミングの揺らぎ（タイミングジッタ）を抑制する方法である。一方、筆者らは、タイミングジッタが、周波数揺らぎが伝送用光ファイバの波長分散特性を通して時間揺らぎに変化される点に着目し、残された唯一のパラメータである波長分散制御に注目した。周期的な分散補償により、システム全体としてはほぼゼロ波長分散とし、光信号の周波数揺らぎをタイミングジッタに変換されないようにする新しい方法を考案・実証した[11]。筆者らの提案・実証の後に、各国で理論的並びに実験的な検証が進められ、この手法は分散制御（マネージド）ソリトン方式と称された。

光ソリトンが成立するには、適量の波長分散が必要となるので、伝送用光ファイバの波長分散をシステム全域にわたって零にすることはできない。そこで、伝送用光ファイバには光ソリトン伝送を可能とする有限な波長分散を有するものを選び、システム中に、距離とともに累積した波長分散をほぼ零にする（すなわち分散補償する）光ファイバを周期的に挿入し、局所的には光ソリトン伝送の条件をほぼ満たしつつ、システム全体をマクロ的に見た場合には、ほぼ零分散伝送となるように光ファイパを配列した。**図5-3-1**に通常の光ソリトン並びに分散制御光ソリトン方式における分散マップ（累積波長分散の距離依存性）を示す。

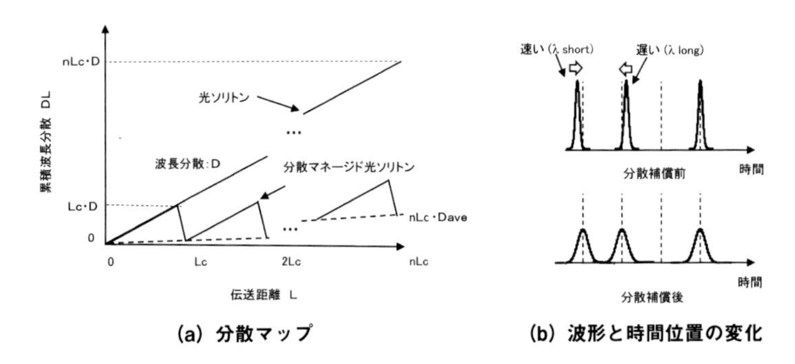

図5-3-1：通常の光ソリトン方式と分散制御（マネージド）光ソリトン方式における分散マップと分散補償前後の光波形

図5-3-1（a）から分かるように、通常の光ソリトンでは、累積波長分散DLは距離と共に増加するため、光増幅器の雑音と光ファイバの非線形に起因する光パルスの中心周波数の揺らぎは、長距離伝送によって増加する累積波長分散により、大きなタイミングジッタに変換される。一方、分散制御光ソリトン方式では、累積波長分散は周期的にゼロに近づけられるため、たとえ周波数揺らぎが大きくても、タイミングジッタに変換されにくい。**図5-3-1（b）**には、伝送ファイバ通過後と分散補償後の光パルスの位置並びに波形の変化を示す。伝送ファイバ中では、光ソリトン的な波長分散と非線形の関係により細い光パルスが伝搬するが、中心周波数のシフトに伴い光パルスの位置は、基準値の前後にばらついている。分散補償後は、累積波長分散が補償されるため光パルスの位置は中心位置に戻されるが、波形は広がる。この広がった光パルスが次の伝送ファイバに入射すると光パルスは非線形と波長分散により再び圧縮される。従来の波形を変えない光ソリトン伝送方式と異なり、光パルスが周期的に伸縮を繰り返しながら安定に伝送するのが分散制御ソリトン方式の特徴である。これにより、高速光信号伝送において、波形の劣化もタイミングジッタもない安定な光伝送が可能となる。

光ソリトン通信では、波長分散が一定であることが前提であるため、このような大きな分散変動を与えると、大量に生成される非ソリトン成分により光ソリトンは破壊されると思われていた。それまで、光ファイバの特性のばらつきを考慮して正負の波長分散を持つ光ファイバを組み合わせてソリトン条件を満たす平均波長分散値を実現する3,000kmストレートラインでの実証(13)や、計算機シミュレーション結果(14)は報告されていたが、ソリトンを破壊するほどの大きな分散補償を行い、かつ、平均分散をソリトン条件よりも1/10以下程度まで小さくする分散マネージメントの試みは一切なかった。

以下では、分散制御ソリトンの重要な設計パラメータである分散補償の間隔について述べる。分散補償の間隔は可能な限り短いことが好ましいが、分散補償後の光ファイバ伝送路において光ソリトン伝送のような安定な光パルスを生成する必要があるため、分散補償間隔にはある最適な領域が存在する。光ソリトンには、ソリトン周期Z_0と呼ばれる光ソリトンの非線形位相シフトが2πとなる距離があり、ソリトンが安定に形成されるのに必要な伝送距離の目安になる。最適な分散補償間隔を見積もるため、計算機シミュレーションを行った結果、光ファイバの波長分散が$D = 0.2$ps/km/nm、光信号のパルス幅7psの20Gbit/sの光伝送システムの場合、ソリトン周期の2倍弱の180km毎に分散補償を行うと、9,000km伝送後で19.8dBの極めて良好なQ値が得られることが確認された。分散補償間隔をソリトン周期よりも著しく短くすると、ゼロ分散伝送とほぼ同様になり、伝送特性は大きく劣化するため、分散補償間隔はソリトン周期程度に設定する必要がある。この点が、非線形を考慮した分散補償と線形システムの分散補償との大きな相違点である。**図5-3-2**に従来の均一な波長分散光伝送路をもつ光ソリトン方式と周期的に分散補償された光伝送路を用いる分散制御ソリトン方式の20Gbit/sでの受信波形のシミュレーション結果を示す。**図5-3-2（a）**は、通常の光ソリトンの6,000km伝送後の波形である。タイミングジッタが著しく誤り判定はほぼできないことがわかる。**図5-3-2（b）**は、分散制御ソリトン方式の9,000km伝送後の波形である（Q = 19.8dB）。タイミングジッタも波形劣化もほとんどなく、安定な伝送が実現されていることがわかる。

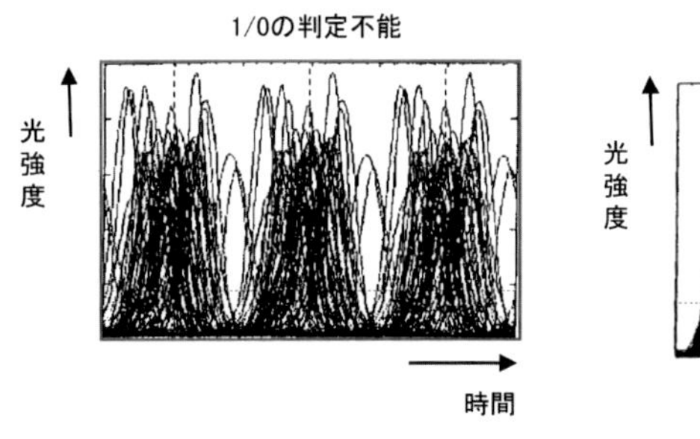

(a) 従来方式 (6,000km)

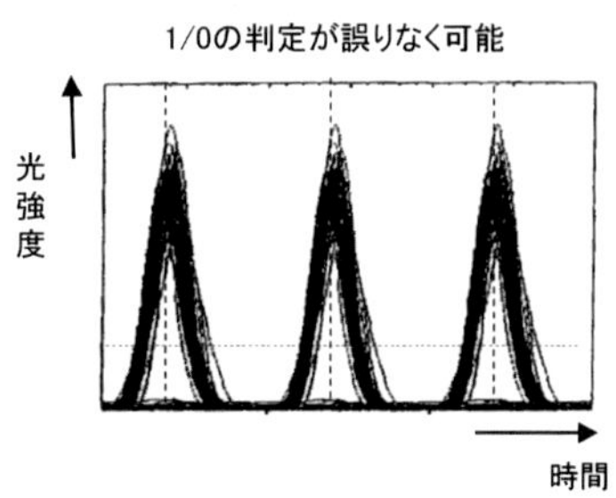

(b) 分散制御光ソリトン方式 (9,000km)

図5-3-2：受信光パルス列の計算例 (20Gbit/s)

4　20Gbit/s太平洋横断システム設計

5.4.1　1,000km周回伝送試験

分散制御ソリトンの太平洋横断光海底ケーブルへの適用性を検証するため、1,000kmの光ファイバを用いる周回伝送系により、各種パラメータの最適値を求めた。**図5-4-1**に周回伝送実験系を示す。光送信側は、発振波長1557.8nmのDFBレーザ、パルス幅$\tau = 9$psのRZ光パルス生成用のEA変調器、10Gbit/sの$LiNbO_3$データ変調器、短光パルス列の速度を2倍にするための時間軸での多重（時分割多重）回路、約50kHzの速度の偏波スクスクランブラ及びプリチャープ用の10GHzの位相変調器で構成されている。偏波スクランブラは、光増幅器の利得の偏波依存性、構成部品の偏波依存損失（Polarization dependent loss：PDL）を平均化するために使用され、プリチャープは、受信端でのパルス幅を最小化し伝送特性を最適化するために用いられる。光受信側は、残留分散調整用のSMF、20Gbit/s時分割多重信号を10Gbit/s信号にデマルチプレックスする光デマルチプレクサ（EA変調器）及び10Gbit/sの光受信器で構成されている。1,000kmの光ファイバループ伝送路は、平均波長分散値D = 0.22ps/nm/km、平均スパン長33kmの光ファイバ伝送路30スパン、1480nmレーザ励起のEDFA31台、10スパン（約330km）毎に分散補償を行うDCF3スパン、半値幅5nmの光

バンドフィルタ0～30式（可変）で構成されている。光ファイバ伝送路のソリトン周期Z_0は約150kmであるため、分散補償間隔はZ_0の2倍程度に設定されている。

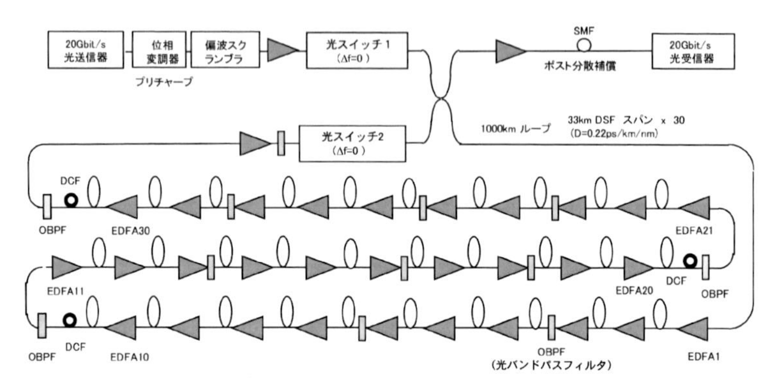

図5-4-1：20Gbit/s伝送実験用1,000kmの周回伝送実験系

図5-4-2に周回伝送実験用に必要となる光スイッチ1，2の光ゲート波形、受信器光入力信号及び誤り率測定器のゲート波形のタイムチャートを示す。送信器側の光スイッチ1は、送信信号が1,000kmの周回伝送路を伝搬する時間（T）はオンにし、周回伝送路内の光スイッチ2はその間オフにする。光スイッチは、周波数シフトがないものを用いる。光信号が周回伝送路の満たされた時間Tの後に光スイッチ1はオフ、光スイッチ2をnTの時間オンとすると、入射光は周回伝送路をn周伝搬する。その間、周回伝送路を周回した光信号は常に3dB光カップラを通して受信器側に連続的に送られる。n周回後（nx1,000km伝送後）に受信特性を評価するため、n周伝搬した光信号のみを誤り率測定器でゲーティングして、バーストモードで誤り率を測定する。この動作を繰り返すことで、周回伝送実験により受信特性を評価することができる。

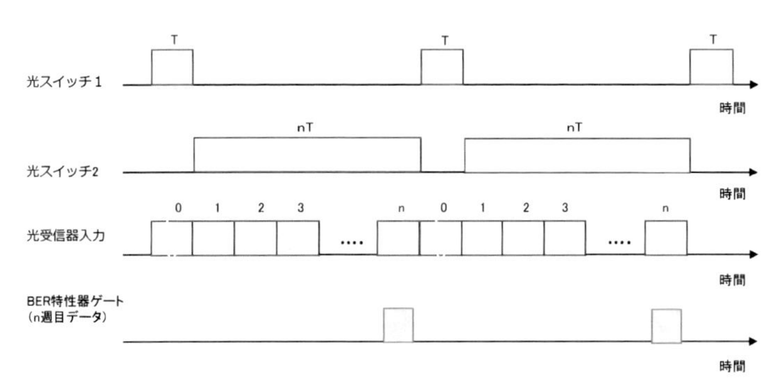

図5-4-2：周回伝送実験における光スイッチの光ゲート波形、受信器光入力信号及びBER測定器のゲート波形

図5-4-3（a）に、各光増幅器に光バンドパスフィルタを挿入した場合の最大伝送距離（符号誤り率が1×10^{-9}以下となる伝送距離）と伝送路分散補償率（分散補償／累積波長分散）との関係を示す。実験では、最良の受信特性が得られるよう送信器側のプリチャープ及び受信器側の残留分散調整用のSMF長を調整している。SMFの最適分散量は、分散補償ファイバDCFの絶対値の約1/2であった。**図5-4-3（a）**より、最適補償率は約85%で、約5%程度の許容範囲があると見積もられる。光フィルタの個数を減らすことで伝送特性は改善したため、以下の試験では光フィルタは12個に固定している。**図5-4-3(b)**には、中継器出力レベルに対する符号誤り率特性を示す。符号誤り率特性の評価にはQ値を用いた。中継器出力が1dBmの時、Q値は19dB（符号誤り率2.5×10^{-19}）で、基幹伝送路の伝送特性の目安になるQ値17dB（符号誤り率1×10^{-12}）以上をFECなしで余裕をもって達成していることがわかる。また、**図5-4-3（b）**より、1dBのペナルティを許容すれば、中継器出力パワーに約2.5dBのマージンがある。25年間にわたって中継器出力の変動を2dB程度に抑えることは既にTPC-5等において確立されており、本伝送系は実用上十分なパワーレベルマージンを有することがわかる。また、符号誤り率10^{-9}を得る伝送距離は14,000kmであり、980nmレーザ励起の低雑音EDFA（NF＜4.0dB）を用いると、誤り率10^{-9}以下の伝送距離は、23,000kmまで拡大されることが確認され

ている。

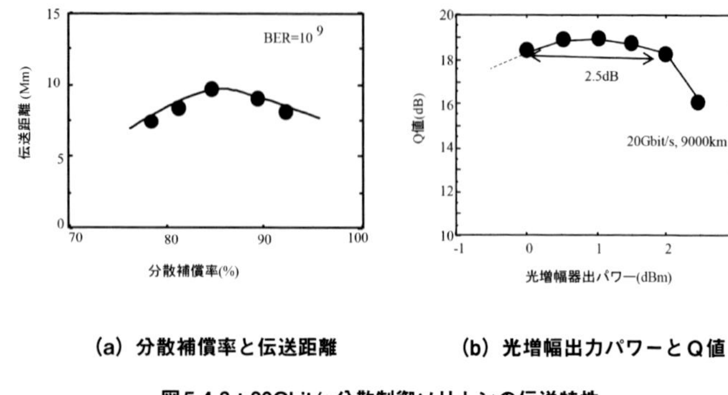

(a) 分散補償率と伝送距離　　(b) 光増幅出力パワーとQ値

図5-4-3：20Gbit/s分散制御ソリトンの伝送特性

従来の光ソリトン通信は、光ファイバの分散とバランスする光パワーレベルが固定値であるため許容パワーレベルは小さかったが、分散制御ソリトンではそれが大幅に拡大されている。波長分散及びパワーレベルに大幅な許容範囲があることも、従来の光ソリトンと本質的に異なる分散制御ソリトンの特徴の一つである。このようにシステム各部での光ファイバの波長分散を所望の特性に設定する分散制御は、TPC-5など既存の光増幅海底ケーブル方式にも採用されており、周期的分散補償方式の導入には実用上の障害はない。

5.4.2　8,123kmストレートライン伝送試験

次に、分散制御ソリトン方式の実用性の検証を行うため8,123kmの大規模ストレートライン伝送試験を行った(12)。**図5-4-4**に実験系を示す。光送受信系は周回伝送試験と同様の構成であり、8,123kmの光ファイバ伝送路の平均分散補償率を85％に、また、中継器パワーレベルを1dBmに、それぞれ固定している。ストレートライン伝送系は、8,123kmのDSFおよびSMF（以下、伝送用ファイバ）、240台のEDFA、ジッタ抑圧の為に10中継ごとに挿入されたDCF、5中継ごとに挿入された半値幅3nmの光バンドパスフィルタで構成されている。中継器間隔は33～36kmで、平均中継器利得は約8dBとした。伝送用

ファイバの平均波長分散は0.2ps/nm/kmであるが、8,123km内の波長分散特性は大きくばらついており、全長の約40%以上のDSFはその波長分散値が負分散の光ファイバである。負分散のDSFのスパンはSMFを追加して各ファイバスパンの平均波長分散が約0.2ps/nm/kmとなるよう調整している。正・負の波長分散を持つ光ファイバを用いるソリトン条件を満たす平均波長分散の実現に加えて、ソリトン周期を考慮しより長い周期で更に分散補償を行うことが、本方式の特徴である。実際の長距離システムでも、光ファイバの波長分散特性は一様ではなくばらつきを有するため、本実験は、実環境に近い伝送路環境で行われている。**図5-4-5**に8,123km伝送前後の20Gbit/s光信号波形を示す。8,123km伝送後においても、光信号波形の著しい劣化やジッタは見受けられず、良好な伝送が行われていることがわかる。

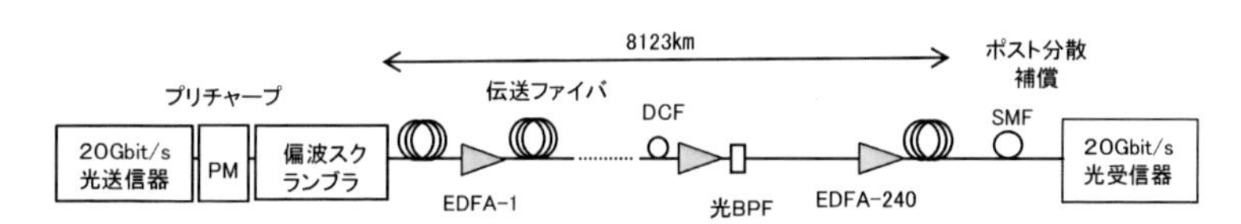

図5-4-4：20Gbit/s-8,123kmストレートライン伝送系

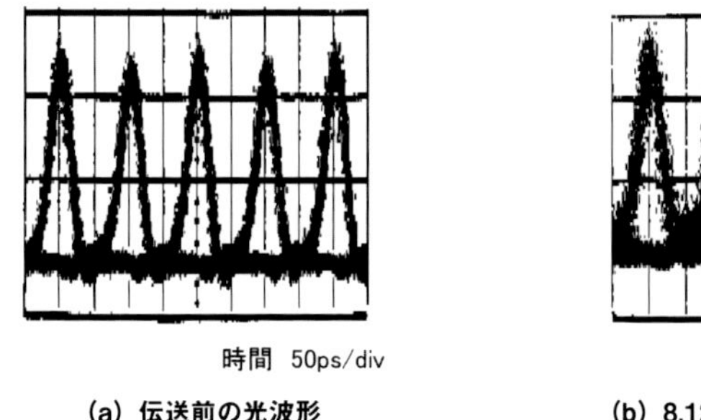

(a) 伝送前の光波形　　**(b) 8,123km伝送後の光波形**

図5-4-5：20Gbit/s送受信光波形

図5-4-6に、ストレートライン伝送試験と1,000km周回伝送試験で得られた伝送距離に対する符号誤り率特性（Q値）を示す。

8,123km伝送後のQ値は約19dBであり、光ファイバに大きなばらつきがあるストレートライン試験でも周回伝送試験とほぼ同様に、FECなしで良好な誤り率特性が得られている。伝送距離に対するQ値の劣化は直線的であり、これは.Q値の劣化の主たる原因が光中継器から発生する光雑音の累積によるSNRの劣化によるものであり、ジッタの影響がほとんどないことを示している。

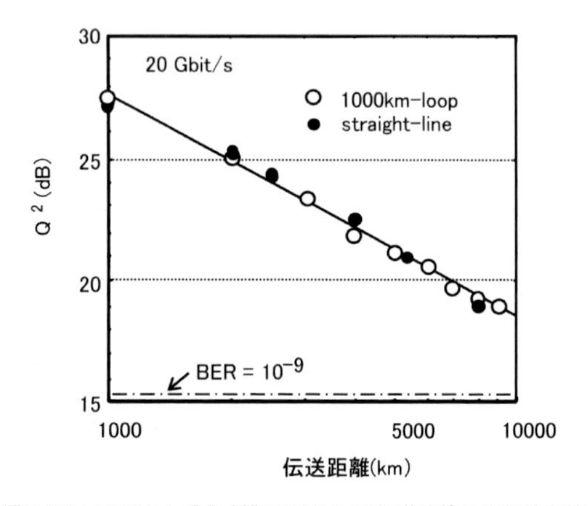

図5-4-6：20Gbit/s分散制御ソリトンの伝送特性の距離依存性

ストレートライン伝送実験の一環として、中継器の故障に対する耐性試験を行った。中継器内の光増幅器出力は、ポンプLD出力の経時的な低下に伴い、長期の使用期間中に変化する。そこで、**図5-4-7（a）**のようなポンプLDの冗長構成をとり1台のポンプLDが故障した状態を模擬的に発生させ、中継器出力劣化に対するシステム耐力を評価した。**図5-4-7（b）**に、障害中継器数に対するQ値変化量を示す。図より13箇所の障害（約5.4%の障害率に相当）に対してもQ値劣化量は約0.7dBと軽微である。TPC-5では、障害発生率が1%以下になるように設計されているので、本伝送系が中継器劣化に対して十分な耐力を有することが確認されている。

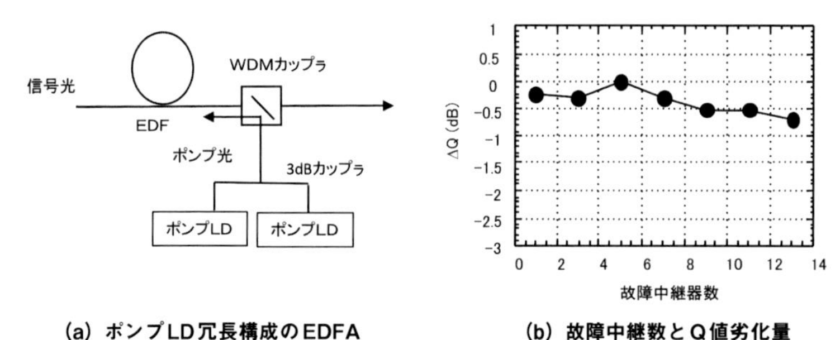

(a) ポンプLD冗長構成のEDFA　　(b) 故障中継数とQ値劣化量

図5-4-7：故障中継総数に対するQ値劣化量

5　40Gbit/s太平洋横断システム設計

前節において、20Gbit/sに関しては分散制御ソリトン方式により、太平洋横断システムへ適用しうるマージンの十分大きい伝送特性が得られることが示された。次にTPC-5の8倍の速度にあたる40Gbit/sの長距離伝送特性評価を行った[15]。

40Gbit/sの高速信号では、1ビット当たりのタイムスロットが25psであり、その1/5のパルス幅5psを使用することはGordon-Hausジッタの増大を招き得策ではない。一方、パルス幅を広げると隣接ソリトン間のソリトン - ソリトン干渉により伝送特性が劣化する。上記トレードオフを解消するため、ここでは、隣接パルス間の偏光を直交させ送信光パルス幅は比較的広い8～9psとした。35kmの伝送光ファイバの波長分散をD = 0.18、0.31、0.78ps/nm/kmと変化させ、また、分散補償区間長も変化させて最適分散マップを調査した結果、D = 0.31ps/nm/km、分散補償区間70km、平均分散0.028ps/nm/km（分散補償率：93%）とした時に、最良の伝送特性が得られた。**図5-5-1**に単一偏波と直交偏波による40Gbit/s信号の140kmの周回伝送試験による符号誤り率の距離依存性を示す。単一偏波では、符号誤り率10^{-9}以下の伝送距離は約8,600kmであったのに対し、直交偏波では、伝送距離が10,200kmまで延伸された。**図5-5-2**には、直交偏波信号の伝送前と10,200km伝送後の光波形を示す。直交偏波の採用によりソリトン - ソリトン干渉が抑制され、また、最適な分散制御を行うことにより、波形劣化及びタイミングジッタのない良好な伝送特性が得られることがわかる。

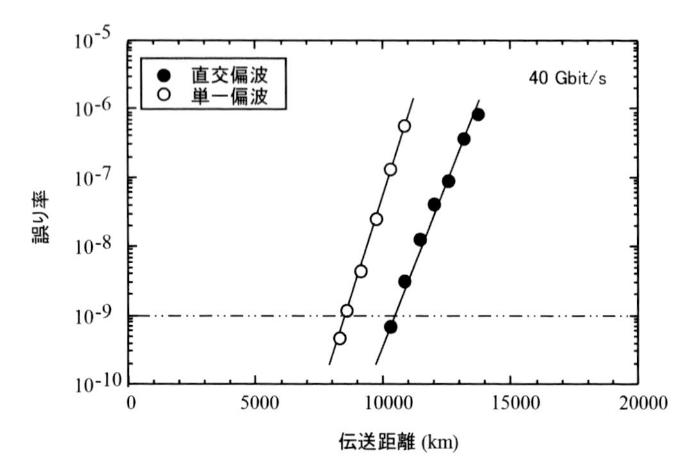

図5-5-1：直交偏波及び単一偏波の40Gbit/s伝送の誤り特性

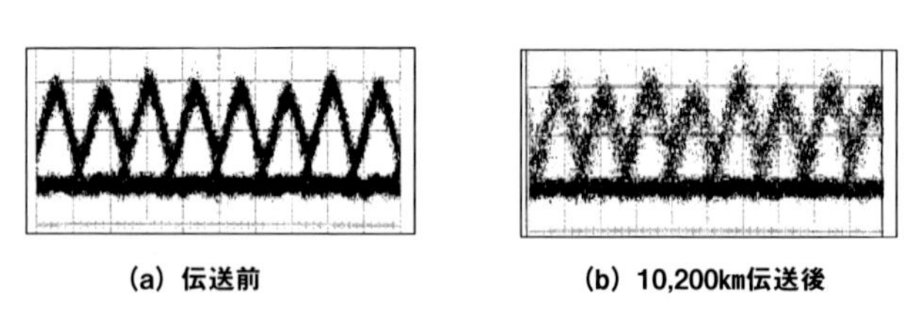

図5-5-2：直交偏波40Gbit/s分散制御ソリトンの伝送前後の光波形

本節では、長距離光伝送システムにおいて、非線形を考慮した周期的な分散補償とRZパルスを用いる分散制御ソリトン方式が、極めて安定で良好な伝送特性を示すことを述べた。また、TPC-5の4～8倍の高速信号である20～40Gbit/sの速度の単一波長システムとして、分散制御ソリトン方式は、太平洋横断級の長距離光伝送システムに要求される各種システムパラメータ変動に対するトレランスが大きく、また、中継器故障等に対する耐性にも優れた、従来にはない実用性の高い伝送方式であることが示された。

6 RZ光信号と非線形性を考慮した分散マネージメントの一般化

ここまで、単一波長の高速光伝送システムでは、RZ光パルスと適切な分散マネージメントを行う分散制御ソリトン方式が実用性の観点から有力技術であることを述べた。一方、システム総容量の飛躍的な増大の観点からは、波長多重化が不可欠である。単一波長の光伝送システムでは、波長分散が小さいDSFが伝送用光ファイバとして使用されてきたが、波長多重システムでは、FWMやXPMを抑制するため、分散がある程度大きなNZ-DSFやSMFが使用される。分散制御ソリトンはその後の理論的研究[(16)～(18)]により、負分散や分散値の大きな光ファイバを用いた場合にも一般化され、その結果、正負の波長分散を適切に配置した非線形を有する光ファイバ伝送路の定常解はガウス型のRZ光パルスであることが示された。

図5-6-1に、-2ps/nm/kmの分散値をもつNZ-DSFを伝送光ファイバとし、正分散のSMFで450km毎に補償する光伝送システムでの光パルス波形の振る舞いを示す。この分散配置は、次章で述べる10Gbit/s、16波長多重による太平洋横断光海底ケーブルとほぼ同一の構成である。**図5-6-1**では、前半と後半に225kmの負分散NZ-DSFを配置し、中央に両方のNZ-DSFの累積分散を補償し平均分散を0.2ps/nm/kmとするためのSMFが配置されている。平均分散値は、通常の光ソリトンで使用される一般的な値である。図には、この伝送路の光パルスの伝搬の様子と光パルス伝搬中の位相と振幅の変化を示す。**図5-6-1**より、光信号のパルス幅が、区間内で広がったり狭まったりを繰り返す様子がわかる。非線形がない場合には、分散補償により波形は元に戻るため振幅-位相の軌跡は曲線上を往復するだけであるが、非線形システムでは、非線形チャープの影響により分散補償では元の波形に戻らず、分散補償区間を挟んで対称形になる次の光ファイバ伝送路を通過後に元の形状に戻る。この時の、振幅-位相平面上での動きは図のように三日月状の軌跡をとる。図に示すように、光パルスが周期的に安定点に戻るのは、パルス形状がRZ形式のガウス型波形の時に限ら

れる。

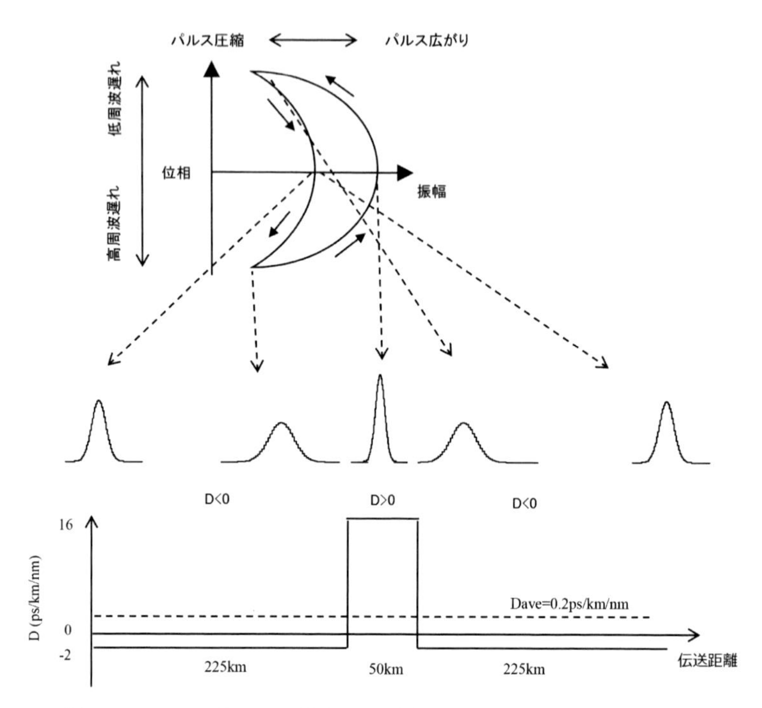

図5-6-1：NZ-DSFとSMFで構成される光伝送路における分散補償区間内での ガウスパルスの振幅と位相の変化と光信号伝搬の模式図

図5-6-2（a）に、分散補償の基本区間内の光波形の変化の様子、**(b)**に複数区間接続されたときに、各区間の代表的な波形をプロットした長距離光ファイバ伝搬の様子を示す[17]。**図5-6-2（b）**より、長距離光ファイバ伝送路では、周期的な観測点では、光波形が変化せずに安定に伝搬する様子がわかる。一定の波長分散値を有する光ファイバを用いる光ソリトン方式では、位相も振幅も一定のsech^2型の光パルスが定常解であるのに対し、周期的に波長分散の符号の異なる光ファイバを用いる分散制御ソリトン方式では、位相と振幅を変えながら伝搬するガウス型のRZ光パルスが定常解となっている。

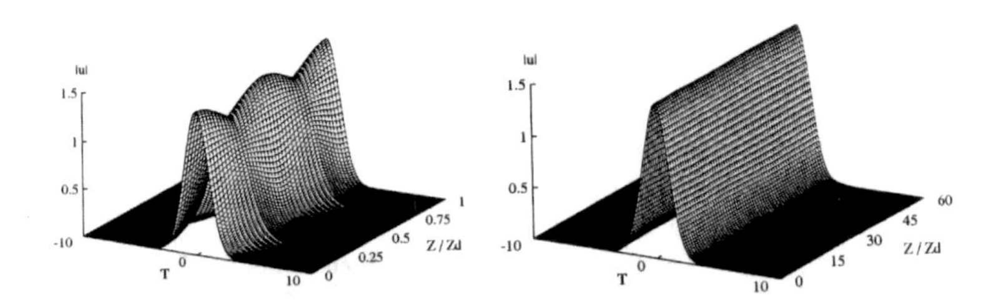

図5-6-2：(a) 分散補償1区間内の光波形 (b) 区間ごとの周期的感観測点における光波形（文献17より）

本章の最後に、実験に使用した分散マネージメントと、**図5-6-1**に示す対称型の分散マネージメントとの関係を記す。**図5-6-2**に20Gbit/sの太平洋横断伝送試験で使用した本実験におけるプリチャープ及びポスト分散補償を考慮した分散マップ並びに各スパンの波長分散を示す。送受信端のプリチャープにより、最初の正分散ファイバの約半分の波長分散は補償され、受信端では最後のDCFの値が1/2となるようSMFにより分散補償されている。そのため、分散補償の基本区間（破線）は、**図5-6-1**と符号が逆の対称型の分散マネージメント区間となっており、安定なガウスパルスの伝搬が可能となっていることがわかる。

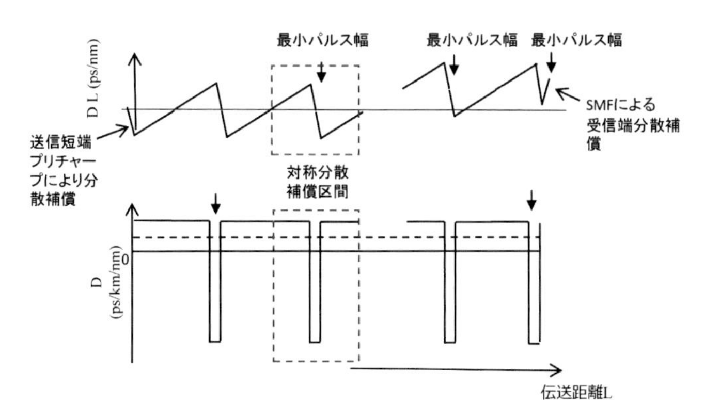

図5-6-2：20Gbit/s分散制御ソリトン伝送実験における送受信の分散補償を考慮した分散マップ（上）と各光ファイバの波長分散（下）

分散制御ソリトンの反響（発表直後と3年後）

筆者の一人（鈴木）が、分散制御ソリトン方式を1995年のOFCのポストデッドラインペーパで初めて発表した時、ほとんどのソリトン専門家からは理解されなかったが、英国Aston大学のDoran教授が発表直後に近寄ってきて、「全く同じことを考えていたが先を越された」と言ったことが印象に残っている。彼はその後すぐに理論解析結果を発表した。また、それから3年後、次期光海底ケーブルを議論するATT-KDDの公式な技術会合の席上で、AT&T側のMollenauer博士から「画期的な方式であるが当時は理解できず申し訳なかった」と突然謝られ大変驚いた。発表当時は、ソリトン条件から大きく逸脱した常識ではありえない方式のため多くの疑義が生じたようである。その後、世界中で、理論と実験的検証が進み（原論文（文献11）は、当時、光通信分野で被引用回数が日本人最多）、OFCやECOCの伝送関連のセッションはしばらくDispersion Management一色に変わった。Mollenauer博士は、当時の世界の研究者の様子を論文（J. F. Mollenaer and P. W. Mamyshev, Massive wavelength division multiplexing with soliton, JLT, Vol. 34, p, 2089, 1998）で次の様に紹介している「The first experimental demonstration was so successful that soon groups from all around the world jumped on the bandwagon both with theoretical studies and with further experiments, As a result, the subject has blossomed into a diverse, rich and promising technology.」更に、次章で述べるWDMへの応用に関しても次の様に述べている「Dispersion managed solitons can be helpful in obtain robust massive WDM in a truly practical manner」

【参考文献】

(1) H. Taga,, N. Edagawa, H. Tanaka, M. Suzuki, S. Yamamoto, H. Wakabayashi, N. S. Bergano, C. R. Davidson, G. M. Homsey, D. J. Kalmus, P. R. Trischitta, D. A. Gray and R. L. Maybach, “10Gbit/s, 9,000km IM-DD transmission experiments using 274 Er-doped fiber amplifier repeaters”, Optical Fiber Communication Conference OFC’93, PD1, San Jose, 1993

(2) A. Hasegawa and F. Tappert：" Transmission of stationary optical pulse in dispersive dielectric fibers, I anomalous dispersion”, Appl. Phys. Lett. Vol.23, pp.142-144, 1973

(3) A. Hasegawa：“Optical solitons in fibers", Springer-Verlag 1990、and A. Hasegawa and Y Kodama："Solitons In optical communication", Oxford University Press, 1995

(4) M. Nakazawa, K. Kimura and K. Suzuki："Soliton amplification and trans-mission with Er3＋ doped fiber repeater pumped by 1nGaAsP 1aser diode". E1ectron. Lett., vol. 25, pp. 199-200. 1989

(5) M. Nakazawa, K. Suzuki, H. Kubota, E. Yamada and Y. Kimura：” Dynamic optical soliton

communication" , IEEE J. Quantum Electron., vol, 26, pp. 2095-2120, 1990
(6) L. F. Mollenauer, S. G. Evangelides, and H. A. Haus ; " Long-distance soliton propagation using lumped amplifiers and dispersion shifted fibers" , IEEE J. Lightwave Tech., vol. 9, pp.194-197. 1991
(7) M. Suzuki, H. Tanaka, N. Edagawa, K. Utaka, Y. Matsushima, " Transform-limited optical pulse generation up to 20-GHz repetition rate by a sinusoidally driven InGaAsP electroabsorption modulator" , IEEE Journal of Lightwave Technology, Vol.11 , pp. 468-473, Mar. 1993
(8) J. P. Gordon and H. A. Haus : " Random walk of coherently amplified solitons in optical fiber transmission" , Opt., Lett., vol. 11, pp. 665-667, 1986
(9) L. F. Mollenauer, J. P. Gordon, and S. G. Evangelides : " The sliding-frequency guiding filter : an improvement form of soliton jitter control" , Opt. Lett., vol. 18, pp. 897-899, 1993
(10) M. Nakazawa, K. Suzuki, H. Kubota, E. Yamada, Y. Kimura and M. Takaya : " Experimental demonstration of soliton data transmission over unlimited distance with soliton control in time and frequency domain" , Electron, Lett., vol, 29, pp, 729-730, 1993
(11) M. Suzuki, I. Morita, N. Edagawa, S. Yamamoto, H. Taga and S. Akiba : "Reduction of Gordon-Haus timing jitter by periodic dispersion compensation in soliton transmission", Electron. Lett., vol. 31, pp2027-2029, 1995
(12) N. Edagawa, I. Morita, M. Suzuki, S. Yamamoto, H. Taga and S. Akiba, "20 Gbit/s, 8100 km straight-line single-channel soliton-based RZ transmission experiment using periodic dispersion compensation," in Proc. ECOC' 95, Brussels, Belgium, post-deadline paper, Th.A.3.5, pp. 983–986, 1995.
(13) H. Taga, M. Suzuki, N. Edagawa, Y. Yoshida, S. Yamamoto, S. Akiba and H. Wakabayashi, "5 Gbit/s optical solution transmission experiment over 3000 km employing 91 cascaded Er-doped fibre amplifier repeaters" , IEE Electronics Letters, Vol. 28, pp.2247-2248, Nov. 1992
(14) M. Nakazawa and H. Kubota, "Optical soliton communication in a positive and negative dispersion allocated optical fibre transmission line" , Electron. Lett., vol. 31, pp. 216-217, 1995.
(15) I. Morita, K.Tanaka, N. Edagawa, and M. Suzuki : "40Gb/s single-channel soliton transmission over transoceanic distance by reducing Gordon-Haus timing jitter and soliton-soliton interaction" , Journal of Lightwave technol., Vpl.17, pp.2506-2511. 1999
(16) N. J. Smith, W. Forysiak, and N. J. Doran, "Reduced Gordon-Haus jitter due to enhanced power solitons in strongly dispersion managed systems," Electron. Lett., vol. 32, pp. 2085–2086, 1996.
(17) Y. Kodama, "Nonlinear chirped RZ and NRZ pulse in optical transmission line" , Soliton Symp. Kyoto, pp.131-155, 1997
(18) J.N. Kuts、J,P, Gordon and S. G. Evangelides, "Dynamics of dispersion managed solitons in optical communications" , Soliton Symposium Kyoto, pp.183-195, 1997

第6章

波長多重方式による
長距離大容量光ファイバ通信システム

光通信システムの急速な大容量化をもたらしたブレークスルー技術は、1980年代後半に登場したEDFAと1990年代後半に普及した波長多重（Wavelength Division Multiplexing：WDM）技術である。最初の長距離光増幅海底ケーブルであるTPC-5[1]では、5Gbit/sの単一波長信号が用いられたが、高速光信号の長距離伝送は前章で述べたように40Gbit/s程度が限界であるため、長距離大容量システムの研究開発は、波長の数だけ総容量を拡大できるWDMシステムへ移行した。初期のWDMによる太平洋横断光海底ケーブルであるChina-USケーブル[2]では、波長当たりの伝送速度が2.5Gbit/sのWDM技術が導入された。TPC-5の伝送速度が5Gbit/sであるのに対し、次のWDMシステムで信号速度を落とさざるを得なかった理由は、光ファイバの非線形効果の影響により高速WDM信号の長距離伝送が困難だったからである。高速光信号では、WDM信号間のFWMやXPMの影響がより大きくなるうえ、第5章で述べたように非線形光ファイバ伝送ではNRZ信号が必ずしも最適な変調フォーマットではないためである。

本章では、WDMシステムの基本構成を述べた後、波長当たりの伝送速度を10Gbit/sから40Gbit/sへ高速化し、かつ、多波長化を可能とするために行った各種の非線形抑制技術と、それらを適用した商用のWDMによる長距離光海底ケーブルシステム技術を述べる。

1　波長多重システム概要

6.1.1　基本構成

図6-1-1に、波長多重（WDM）システムの概要を示す。WDMシステムは、送信側で複数の波長の独立信号を合波し、WDM信号光を光ファイバと光増幅器から構成される光伝送路に入射し、受信側で波長を分波して、個々の波長の信号を復調するものである。複数波長から成るWDM信号光が1本の光ファイバとEDFAを共有できるようになったことが、ファイバ当たりの伝送容量の飛躍的拡大とシステムのコスト削減に大きく寄与した。長距離光海底ケーブルの高速・大容量

化に向けては、距離が長い分、光ファイバの非線形光学効果の影響を緩和する光ファイバの低非線形・広帯域化、光増幅器の低雑音・広帯域化や変調フォーマットの最適化などが必要である。

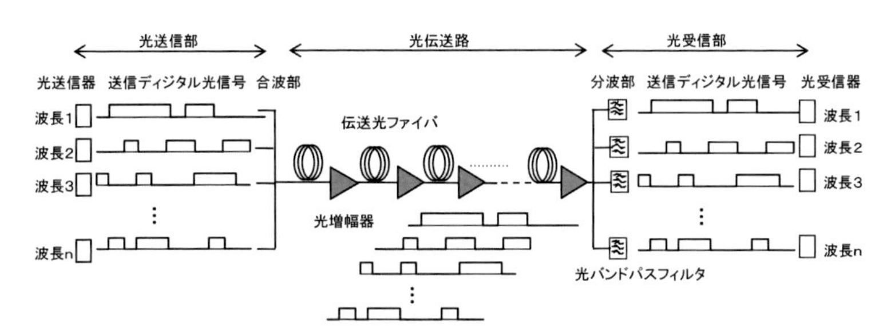

図6-1-1：波長多重システムの基本構成

6.1.2　光増幅器の広帯域化

EDFAの利得帯域幅は単体では30nm以上あるが、EDFAが多段に接続されると第4章で述べたように、増幅帯域はセルフフィルタリング効果により狭められる。例えば、TPC-5の9,000kmシステムでは、200台以上のEDFAが多段接続されているため、増幅帯域幅は2～3nmである。WDMシステム用に光増幅器の利得帯域幅を拡大するためには、増幅特性と逆特性を有する利得等化器を使用し、増幅帯域をフラット化する必要がある。利得等化は、光増幅器の利得の逆特性をフーリエ変換し、各フーリエ周波数成分を有する複数の周期的な伝達関数の合成により実現することができる。利得等化器は、短周期並びに長周期光ファイバグレーティング、多段ファブリペロー型光フィルタ、誘電体多層膜光フィルタ、及び、PLC（Planer Lightwave Circuit）光フィルタなどにより実現される。多中継光増幅器における利得等化の課題は、フィッティングエラーの低減化、利得等化器の低損失化、低リップル化などである。

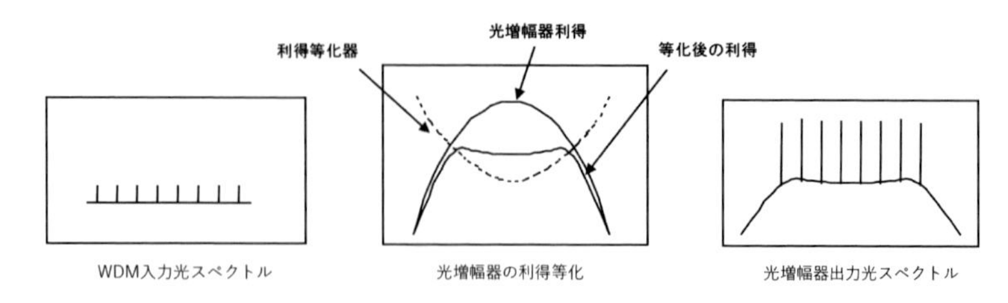

図6-1-2：利得等化器による光増幅帯域の広帯域化

6.1.3　光ファイバの分散マネージメントと広帯域化

5Gbit/sの単一波長システムであるTPC-5では、信号光波長において波長分散がほぼゼロのDSFが使用されている。しかし、特性がばらついている光ファイバをランダムに配置して平均的にゼロ分散を実現する光ファイバの配置では、SPMによる過剰な光スペクトル広がりと光雑音-光信号間のFWMの影響等により特性が劣化した。そこで、DSFの中でもわずかに負の分散、D=-0.2ps/nm/kmを持つ光ファイバを選択し、約500㎞毎にSMFを挿入して累積分散を補償する「浅いのこぎり状」の分散マップを採用し、非線形による過剰なスペクトル広がり、及びFWMなどの非線形雑音を抑制した（**図6-1-3（a）**）。なお、DSFの分散マネージメントは、距離の短い陸上システムでは一般的には不要であり、長距離光海底ケーブル独自のアプローチである。

WDMシステムでは、DSFでは非線形抑圧効果が不十分であるため、波長分散がより大きなNZ-DSFが用いられる。初期の2.5Gbit/sのWDM長距離光海底ケーブルでは、波長分散がD=-2ps/nm/kmのNZ-DSFを用い、累積波長分散をSMFにより補償する「深いのこぎり状」の分散マップを採用した（**図6-1-3（b）**）。**図6-1-3（b）**から分かるように、中心波長近傍では、ほぼ理想的な分散マネージメントができるが、中心波長から離れた波長では、光ファイバの波長分散スロープの影響を受け累積波長分散がSMFで補償し切れないため、累積波長分散は距離とともに増加する。大きな累積波長分散と非線形効果の相互作用による波形劣化は線形の分散補償では補償できないため、長距離のWDMシステムにおいては、伝送特性の波長依存性をなくすために、光ファイバの分散スロープをできる限り小さくし、光ファイバを広帯域化することが重要である。

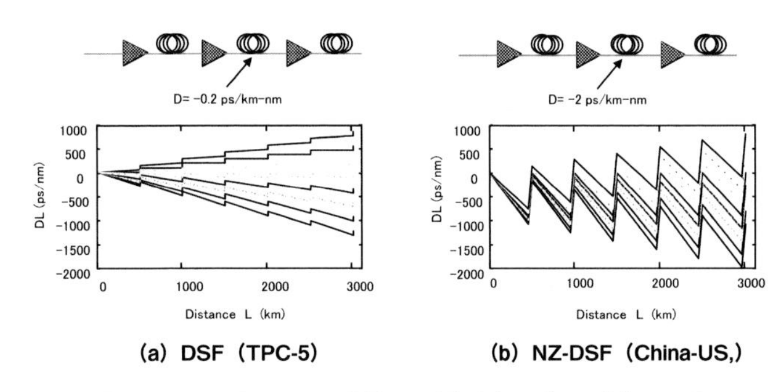

図6-1-3：DSFとNZ-DSFを用いる光海底ケーブルの分散マップ

6.1.4　10Gbit/s　WDMシステムの設計指針

最初のWDM光海底ケーブルChina-USケーブルでは、NZ-DSFと1480nm励起の光増幅器を用いて、2.5Gbit/sのNRZ光信号の8波長多重により、総容量20Gbit/sが実現された。更なる大容量化のためには、信号速度の高速化と多波長化が必要である。いずれも、光ファイバの非線形効果や波長分散の影響が大きくなるため、10Gbit/sの多波長システムの設計おいては、光ファイバの非線形効果に対して耐性のあるシステム技術が必要である。**図6-1-4**に、システム全体として光ファイバの非線性の影響を抑制するための設計指針の概念を示す。EDFAについては、励起波長を1480nmから980nmに変更し光増幅器を低雑音化することにより、雑音レベルを下げる。光ファイバについては、コア系を拡大することにより、非線形効果そのものを下げつつ、入力光パワーレベルを上げる。これにより、**図6-1-4**に示すように、光ファイバの非線形の影響を抑えつつ、光ファイバ伝送後の光SNRを向上することができ、高速信号を用いるWDM伝送システムが設計可能となる。

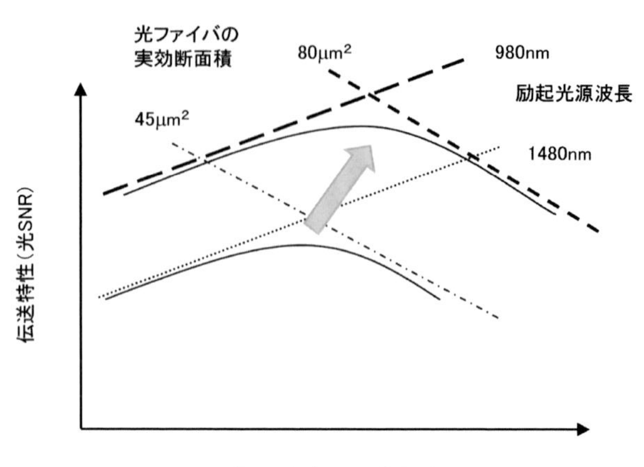

図6-1-4：光増幅器雑音の低減と光ファイバの低非線形化による光SNRの拡大

2 10Gbit/s WDMによる160Gbit/sの長距離伝送システム

10Gbit/sの光信号を用いるWDMシステムの開発に当たっては、光ファイバの非線形効果による伝送特性の劣化を抑制するため、光増幅器の低雑音化、光ファイバの低非線形化及びRZ光送信技術など、ほぼ全ての要素技術を刷新する必要があった。以下では、新規開発した各要素技術を述べる。

6.2.1 低雑音広帯域光増幅器

伝送速度を2.5Gbit/sから10Gbit/sへ高速化すると、同じ誤り率を得るため、必要な光SNR（signal-to-noise ratio）は6dB増加する。単純に光パワーレベルを6dB増加すると、光ファイバの非線形性効果が増大し特性が著しく劣化するため、光パワーレベルを低く抑えつつ所望の光SNRを確保するには、光増幅器の雑音指数を低下させる必要がある。2.5Gbit/sWDMシステムでは、1480nm励起の光増幅器（NF=5.5～6.0dB）が使用されたが、10Gbit/sWDM海底伝送システムでは、励起光源の波長を1480nmから980nm帯に変更しNFを約4.0dBまで低下させた。

また、光増幅器を広帯域化するため、低損失な長周期ファイバグレーティングを用いて利得等化を行った。**図6-2-1**に、50kmの光ファイバスパンを有するEDFA多中継システムにおける利得等化の例を示す。**図6-2-1（a）**は、波長間隔0.3nm、40WDM信号の送信光信号の光スペクトル、**(b)**は、18,414km伝送（360中継）後の光スペクトルである。利得等化により、18,000km以上の伝送後も約12nmにわたり平坦な利得特性が得られおり、40WDM信号の光SNRには顕著な差も見られない。

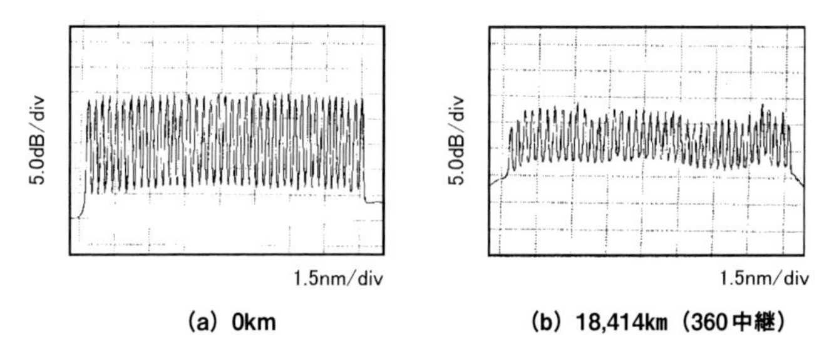

図6-2-1：40WDM信号の送信前と18,414km（360中継）伝送後の光スペクトル

6.2.2　低非線形・低分散スロープ光ファイバ

伝送信号の高速・多波長化に対応するには、光ファイバそのものの低非線形化と波長分散スロープの低減化による光ファイバ波長帯の拡大が必要である。

非線形光学効果の抑制は、光ファイバの実効断面積A_{eff}を大きくして、コア内の光パワー密度を低下させれば実現できるが、光ファイバの一般的な性質として、A_{eff}を拡大すると、波長分散スロープも増加する傾向がある。A_{eff}拡大と分散スロープの抑制を同時に行う方法として、**図6-2-2（a）**に示すように、光増幅器直後の光パワーが大きい領域には、A_{eff}の大きいLCF（Large Core Fiber）を配置し、光ファイバの損失により光パワーレベルが低下した後半には、分散スロープの小さいNZ-DSFを配置する、ハイブリッドファイバスパン構成が有効である。通常のNZ-DSFは、A_{eff}が約45μm^2であるのに対し、LCFではA_{eff}が約75-80μm^2まで拡大されており、非線形性の影響が約60%に減少されている。LCFの分散スロープは約0.1ps/km/nm^2であるが、後半のDSFの分散スロープを小さく設定すれば、ハイブリッドスパン構成により、通常のNZ-DSFの分散スロープ約0.09ps/km/nm^2以下の平均分散スロープが実現できる。伝送路中で補償しきれない累積波長分散は、波長ごとに送信端、及び受信端にほぼ均等に分散補償ファイバを配置して補償する。

図6-2-2には、**(a)** 980nm励起の低雑音光増幅器とLCFを用いたシステムと **(b)** 1480nm励起の光増幅器と通常NZ-DSFを用いたシステムの光増幅スパンを模式的に示す。両者を比較すると、**図6-2-2 (a)** の低雑音増幅器とハイブリッドファイバスパンを用いる場合は、従来例の **(b)** に比べて、光出力レベルを上げ、かつ、光増幅雑音レベルを抑えることができるため、光SNRが大きくなる様子がわかる。

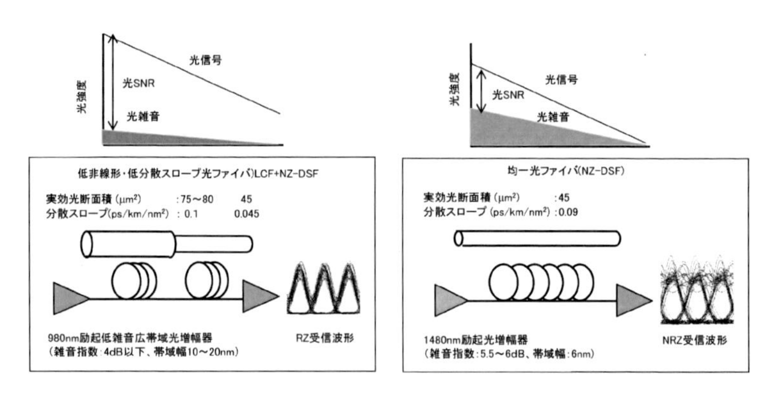

図6-2-2：(a)低雑音光増幅器・低非線形低分散スロープハイブリッドスパン(10G-WDM用)と (b) 通常の光増幅器・NZ-DSFファイバスパン (2.5G-WDM用)

6.2.3　変調フォーマット

第5章で、RZ光信号は、周期的に波長分散が交互に正・負の値をとる非線形光ファイバ伝送システムに適していることを述べた。**図6-2-3**に、10Gbit/sのRZ光信号とNRZ光信号を4波長多重し、周期的に分散制御された**図6-2-2 (a)** の光ファイバ伝送路を7,500km伝送した後の受信波形の計算例を示す。RZ光信号では、マーク側の信号が乱れるパターン効果がNRZ光信号に比べて小さくなっている。更に、RZ光信号は、NRZ信号に対して同じ誤り率を得るための所要光SNRが1.5dB程度低くなることから、雑音耐性も優れている。第5章で述べたように周期的に正・負の波長分散を繰り返す非線形光伝送システムの周期的な安定解はガウス型のRZ光信号であるため、RZ光信号伝送は、非線形光ファイバ伝送中の波長分散と非線形の相互作用による波形劣化を最小化できる。

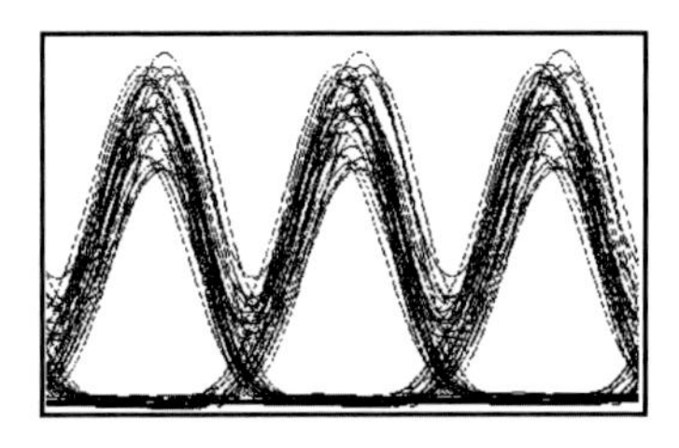

(a) RZ光信号

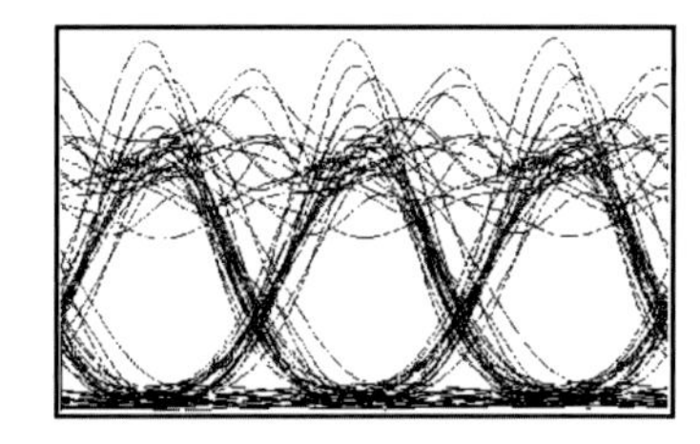

(b) NRZ光信号

図6-2-3：RZ光信号とNRZ光信号の7,500km伝送後の受信波形（10Gbit/s, 4WDM）

6.2.4　10Gbit/s、16WDM伝送試験

前述した各種の新規光技術に加えて従来のリードソロモン符号より利得の大きいFECを用いれば、WDMシステムの伝送速度を2.5Gbit/sから10Gbit/sへ高速化することができる。以下では、3,600㎞の周回光伝送路を用いた周回伝送実験と9,000㎞のストレートラインを用いた伝送実験について述べる。

(1) 3,617㎞周回伝送路を用いる10,850㎞伝送

10Gbit/s、16WDM（総容量160Gbit/s）システムの実現可能性を検証するため、3,617kmの周回光ファイバ伝送路を用いて大規模テストベッド試験を行った[3]。周回伝送路系には70台の980nm励起の低雑音EDFAを配置し、光ファイバには、**図6-2-2**に示す平均スパン長51.7kmのハイブリッドスパンを用いた。各ハイブリッドスパンは1550nmで平均波長分散-2ps/nm/kmのLCF（A_{eff}：80μm^2、分散スロープ：0.1ps/km/nm^2）とNZ-DSF（A_{eff}：45μm^2、分散スロープ：0.09ps/

km/nm^2）とを1：1の比率で構成した。累積波長分散は、約500km毎に配置されたSMF（分散値：+18ps/km/nm）で補償し、信号波長帯のほぼ中央でシステムの平均波長分散がゼロとなるようにしている。送信側では10.7Gbit/sのRZ光信号を0.7nm間隔で16波長を束ね、160Gbit/sのWDM信号を生成した。光増幅器の出力パワーレベルは11dBmとした。**図6-2-4**に各チャンネルの伝送特性（Q値）を示す。全チャンネルの平均Q値は15.5dBであり、対応する符号誤り率は約10^{-9}である。

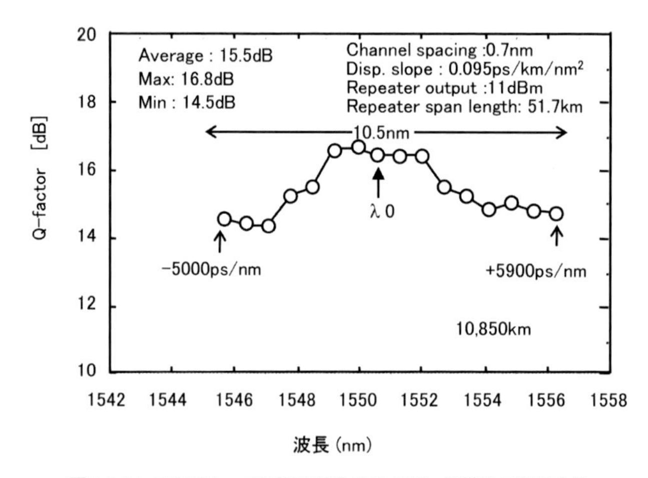

図6-2-4：10Gbit/s、16WDM信号の10,850km伝送後の信号品質

(2) 9,000kmストレートライン伝送試験

図6-2-4より、商用開発に向けてのシステムパラメータの改善点が幾つかわかる。まず、中心波長近傍は、両端の波長に比べて2dB以上特性が良い。これは、波長分散が周期的に変化する非線形光ファイバ伝送路の安定解であるガウスパルスの伝搬に近い伝送が行われているためと考えられる。一方、両端の波長の累積波長分散の絶対値は5000ps/nm以上であり、特性が大きく劣化している。これは、光ファイバの伝送中に生じる非線形光学効果と波長分散及び増幅器雑音の相互作用による波形劣化は線形の分散補償では補償できないことを示しており、累積分散値の抑制が更に必要である。

前記を考慮し、いくつかのシステムパラメータを変更した9,000㎞のストレートラインを構築し、商用化試験を実施した。まず、周回実験では、ハイブリッドファイバスパンの後半に通常のNZ-DSFを用いたが、これをより低分散スロープ（0.045ps/km/nm^2）のNZ-DSFに変更することで、平均分散スロープを0.065ps/km/nm^{2}に抑制した。また、波長間隔を0.7nmから0.6nmに変更し、波長帯域幅を11.5nmから9nmまで狭くした。これにより、両端波長の累積分散の絶対値を、平均で3000ps/nm以下まで抑えことができる。更に非線形を抑圧するため光パワーレベルを11dBmから9.5dBmとし、それに伴う光SNRの劣化を補償するため、光ファイバスパン長を45kmとした。200台のEDFAと9,000㎞の光ファイバで構成されるストレートラインテストベッドを**図6-2-5**に示す。本テストベッドは、当時のKDD、KDD-SCS及びTycoと共同で構築したもので、本テストベッドを用いて、1年以上の長期にわたり、伝送試験、監視試験、システム故障試験、長期安定性試験などを実施した。

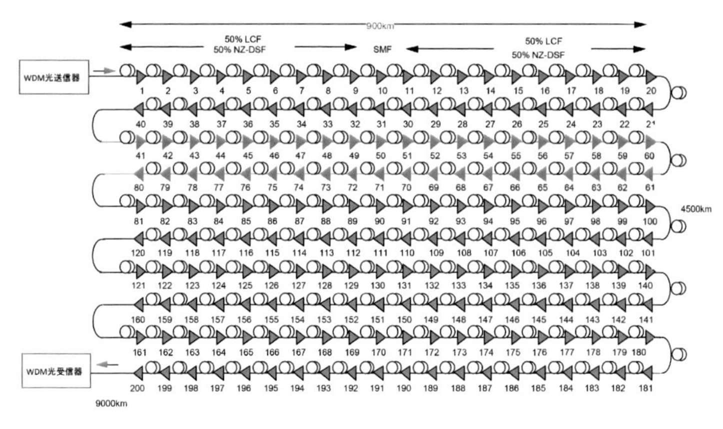

図6-2-5：9,000㎞ストレートラインテストベッド

図6-2-6に、10Gbit/s、16WDM信号の9,000㎞伝送後の誤り率特性（Q値）を示す。最悪のQ値は16.02dBであり、また、伝送特性の波長依存性も大幅に改善されていることがわかる。受信器側では、FECを

使用するため、この結果は、実用システムに必要な経年劣化や製造ばらつき、時間変動に対するマージンを分配しても、25年後に10^{-13}以下の符号誤り率を保障できる値である。本システム技術は、1999年から2001年にかけて運用が開始された、太平洋横断光海底ケーブルJapan-US、PC-1、並びに大西洋横断光海底ケーブルTAT-14に採用されている。

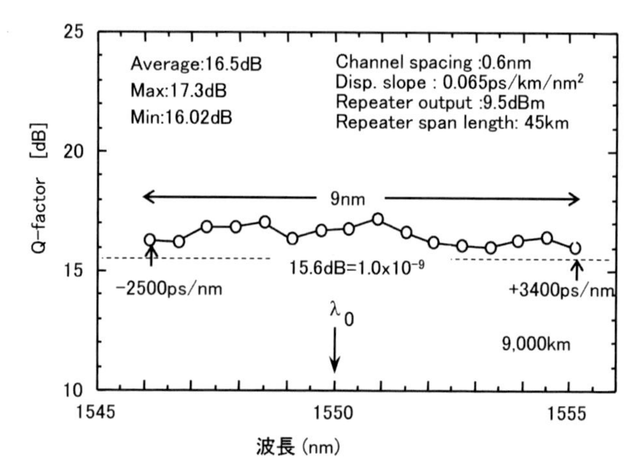

図6-2-6：9,000kmストレートライン光伝送試験の受信特性

ステーキをかけた10Gbit/sWDM方式検討

大洋横断光海底ケーブルは当初は国家事業であり、日米の国際通信キャリアより開発されてきた。TPC-5やここで紹介した10Gbit/sWDM方式も、KDD（当時）とAT&T（当時）の共同研究の成果である。TPC-5は、1995-1996に完成したが、その3年以上前から、次世代方式の検討が各研究所でスタートし、当初のターゲット容量は従来の4～8倍（20Gbit/s～40Gbit/s）であった。共同研究では、それぞれの研究所がまず独自に検討を行い、その後、各方式をテーブルにのせ、あらゆる角度から双方の方式を検討し最終化する。相手の手の内がわかるのは外部発表の後であり、双方の次世代方式が明らかになったのは、1995年のOFCのポストデッドラインセッションであった。AT&T（後にTyco）からは、5Gbit/sのNRZ信号の8WDM方式（Bergano氏ら）と2.5Gbit/s、16WDMの従来型光ソリトン方式（Mollenauer氏ら）がそれぞれ、PD1、PD3で発表された。AT&T内では、両方式を競い合いながら研究開発していた（NRZチームは、禁煙マークのタバコの代わりに孤立波（ソリトン）を描いたTシャツを着て実験をしていた）。KDDからは、20Gbit/s分散マネージドソリトン方式（Suzuki等）を、両者に挟まれたPD2で発表した。米国側は非線形を回避する従来型NRZの低速信号を優先的に模索し、日本側は非線形を利用した高速信号RZ方式を提案した。ターゲット容量はその後、更に4倍の160Gbit/sに引き上げられ、共同研究の成果として、信号フォーマットはRZ（日本）、信号速度は10Gbit/s（折衷案）、分散マネージメント（日本・米国）による160Gbit/s,10,850km伝送試験結果を3年後のOFCのポストデッドラインセッションで共同発表（Suzuki等）を行った。技術会合後のディナーで、商用に採用されなかった方が相手にステーキ一枚をごちそうすることになっていたが、結果としては、どちらも相手にごちそうすることはなかった。双方の知恵を全力で出し切り、最良の方式を共同で開発したためである。

3　10Gbit/s WDMによるテラビット長距離伝送システム

前述した非線形光学効果と累積波長分散による特性劣化は、伝送距離が増大するほど、また信号波長帯が拡大するほど顕著になってくる。そのため、テラビットクラスの大容量信号を伝送するためには、光増幅器の利得帯域幅の更なる拡大、光ファイバの非線形性の抑制に加えて、光ファイバの分散スロープを低減し、波長分散値が広い波長範囲でほぼ一定となる新たな光ファイバの分散マネージメントが必要となる。

6.3.1　広帯域分散マネージメント

図6-3-1に、テラビットシステム用の分散マップを示す。テラビットシステムでは、光ファイバの各スパンを**図6-3-2**に示すようにA_{eff}を拡大した正分散ファイバEE-SMF（Effective Area Enhanced SMF）と負分散でかつ分散スロープも負となる分散補償ファイバSC-DCF（Slope compensating DCF）により構成している。EE-SMFとSC-DCFのハイブリッドスパンにより、広い信号波長帯で分散が一定となる分散フラット光伝送路が構築され、広帯域に渡り均一な伝送特性を得ることができる。

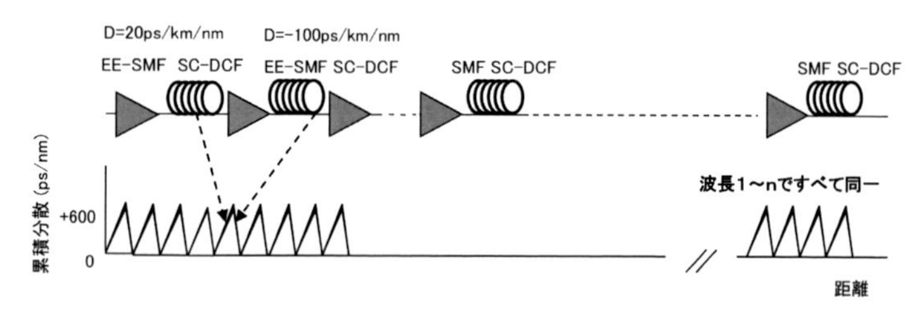

図6-3-1：テラビットWDMシステムの分散マップ

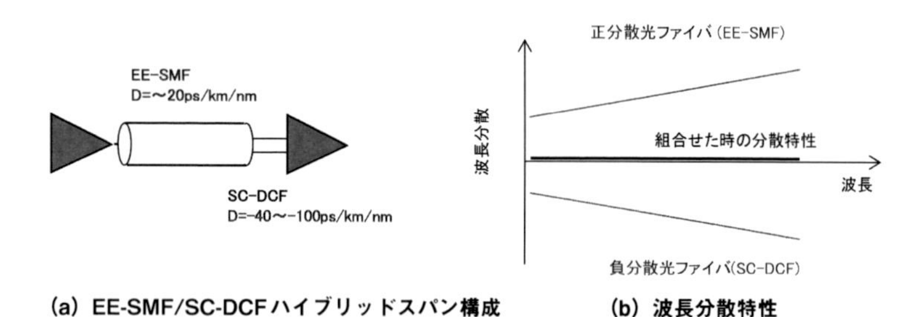

(a) EE-SMF/SC-DCFハイブリッドスパン構成　**(b) 波長分散特性**

図6-3-2：ゼロ分散スロープハイブリッドスパン

6.3.2　10Gbit/s、100WDM、7,750km伝送実験

前記技術を用いてCバンド帯の光増幅器を用いたテラビット周回伝送実験を行った[4]。送信側では、10.7Gbit/sのRZ光信号を波長間隔0.3nmの等間隔で100波長配置し、偶・奇両チャネルは偏波が直交となるように設定した。長さ287kmの周回伝送路は、40km長の伝送用光ファイバ7スパンとC-band帯を用いた光増幅器9台で構成し、光増幅器は、980nm励起のEDFAで構成した。また、30nmの広帯域にわたって平坦な利得波長特性を実現するために、各光増幅器は長周期ファイバグレーティングを用いて利得等化を行った。中継器の雑音指数は約4.2dB、出力光パワーは約+16.5dBmに設定した。伝送用光ファイバスパンは上述した2種類の光ファイバを用いて分散フラットなハイブリッドファイバスパン構成とした。光増幅器直後には、A_{eff}を110μm^2まで拡大した正分散ファイバEE-SMF 34kmを配置し非線形効果を抑制し、その後に、負分散･負分散スロープを持つ分散スロープ補償ファイバSC-DCF6kmを配置し、広い波長帯における波長分散のフラット化を図った。その結果、中心波長での平均分散スロープは通常ファイバの1/10以下の+0.008ps/nm^2/kmとなり、30nmにわたり均一な波長分散特性が得られるほぼ分散フラットな光伝送路が実現された。

図6-3-3（a）に7,750km伝送後の光スペクトラムを示す。243中継後においても、約30nmの伝送帯域が確保されている。全信号波長の平均SNRは約14.8dB（波長分解能：0.1nm）であった。**図6-3-3（b）**に各信号波長のQ値を示す。全信号波長の平均Q値は誤り訂正なしで14.3dBであった。波長分散特性が全伝送帯域にわたって一定となる光伝送路を使用することによって、全信号波長に渡ってほぼ均一な伝送特性が得られた。本試験により、中継器部品数や消費電力の増大を招くことなく、Cバンド帯のみを使用した大洋横断テラビット光海底ケーブルシステムを実現できる可能性が確認されている。

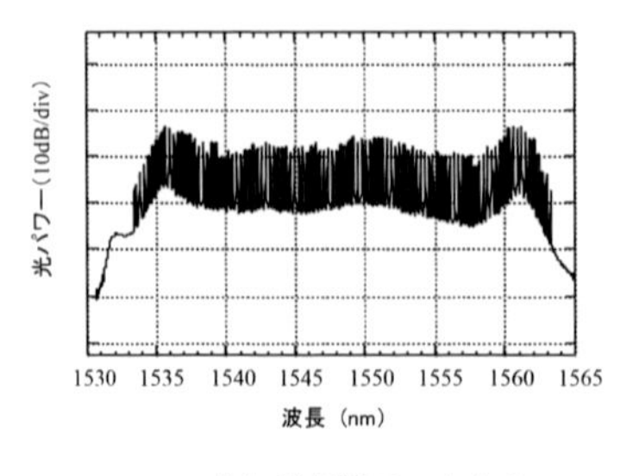

(a) 受信光スペクトル

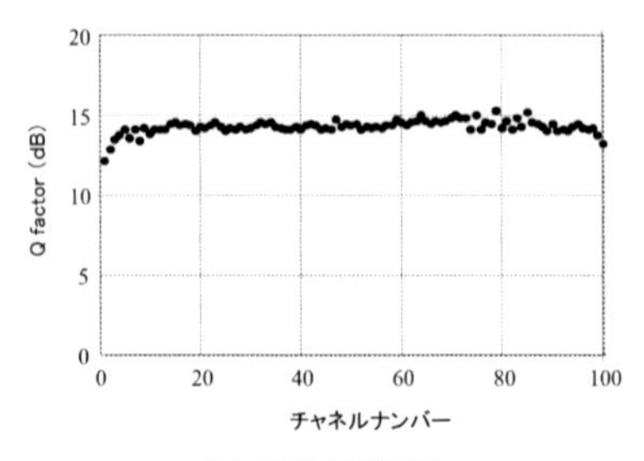

(b) 受信信号特性

図6-3-3：10Gbit/s、100WDM　7,750km伝送試験結果

このRZ光信号と広帯域分散マネージメント技術を用いる伝送技術は、10Gbit/sDWDMの初期システムTGN-P(5)等で採用された。その後、受信感度が従来のRZ光信号より3dB高く、更に光ファイバの非線形の影響を抑制可能なRZ-DPSK光信号が登場し、2010年に運用を開始した太平洋横断ケーブルUNITY（10Gbit/s、96WDM）等では、RZ-DPSK光信号が採用された。

4　40Gbit/s WDMによるマルチテラビット長距離伝送システム

信号速度を10Gbit/sから40Gbit/sへ高速化するには更に6dBの光SNRの改善が必要である。RZ-DPSKによりRZ-OOKに対して3dBの所要光SNRの低減が図られるため、利得の大きなFECとの併用等により、光SNRの観点からはこの要求を満足できる可能性がある。ただし、有限なCバンド波長帯で容量を増やすためには、周波数利用効率の向上が必要である。ここでは、周波数利用効率向上による高速・大容量化を目的とした、40Gbit/s、64WDMによる、総容量2.56Tbit/sの8,200km伝送実験を述べる(7)。

光送信部は、50GHzで等間隔配置された64チャネル（伝送帯域：1539.8nm～1565.1nm）の42.7Gbit/s、デューティ比67%のCS-RZ DPSK光信号を、3dB帯域幅45GHzの周期的な光フィルタを用いて帯域削減し、偶・奇チャネルを直交偏波合成した。**図6-4-1**にフィルタリング後のWDM信号から1チャネルを切り出した光信号の光スペクトルを示す。図中のクロストークは隣接チャネルからのものであるが、偏波が直交しているため、伝送特性へ与える影響は少ない。

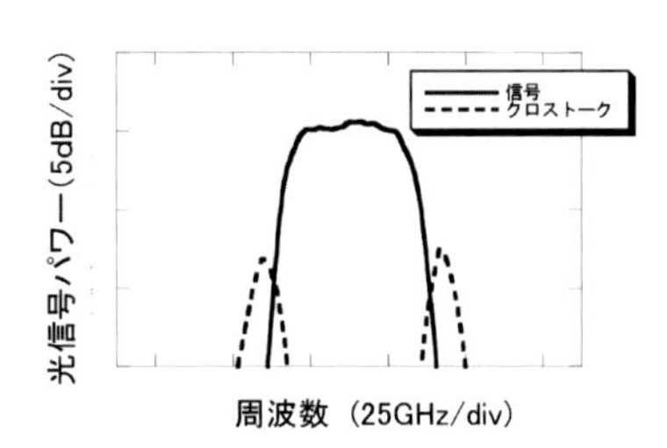

図6-4-1：CS-RZ　DPSK信号のプリフィルタリング後の光スペクトル

長さ357kmの周回伝送路は、10台のEDFA中継器と8スパンの長さ43kmの対称分散マネージドファイバスパンで主に構成されている。**図6-4-2**に示すように、対称分散マネージドファイバスパンは、14kmのEE-SMF（A_{eff}：110μm^2、D：20ps/nm/km、分散スロープ：0.06ps/km/nm^2）、分散及び分散スロープが負で絶対値がEE-SMFの2倍の15kmのSC-DCF15km（A_{eff}：30μm^2）並びに15kmのEE-SMFで構成されている。波長1550nmでのスパン平均分散は-0.9ps/nm/kmであり、分散調整用の光ファイバを挿入することにより周回系の平均分散を+0.03ps/nm/kmとした。この光ファイバの波長分散配置は、5章の分散制御ソリトンで述べた、非線形伝送路の定常解であるガウス型のRZパルスの安定な伝送を可能と光ファイバ分散配置そのものになっているため、伝送中のRZ光波形の劣化は最小化されている。また、EDFA中継器の出力信号パワーは+13dBmとした。

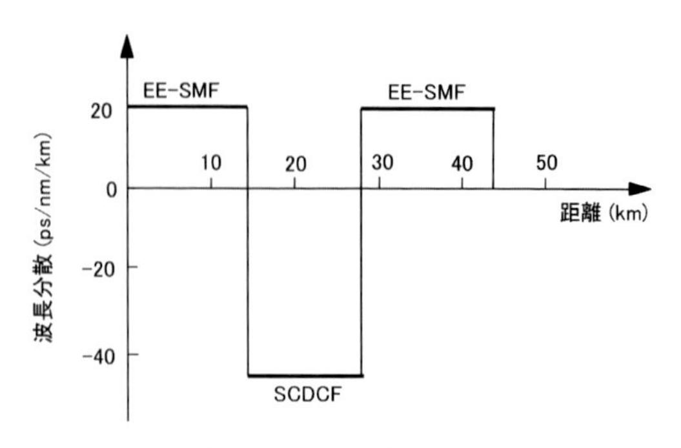

図6-4-2：対称分散マネージドファイバスパン

光受信系では、所望のチャネルを光フィルタで選択した後、1ビット遅延器で復調した42.7Gbit/s光信号をバランスドレシーバで受信し、電気デマックス装置で10.7Gbit/sに時分割分離し4つの10.7Gbit/s信号の平均符号誤り率を測定した。**図6-4-3**に、8,200km伝送後の光スペクトルと代表的なチャネルの伝送前後のバランスド受信波形を示す。8,200km伝送後も顕著な信号波形歪がなく、十分なアイ開口が得られていることが分かる。

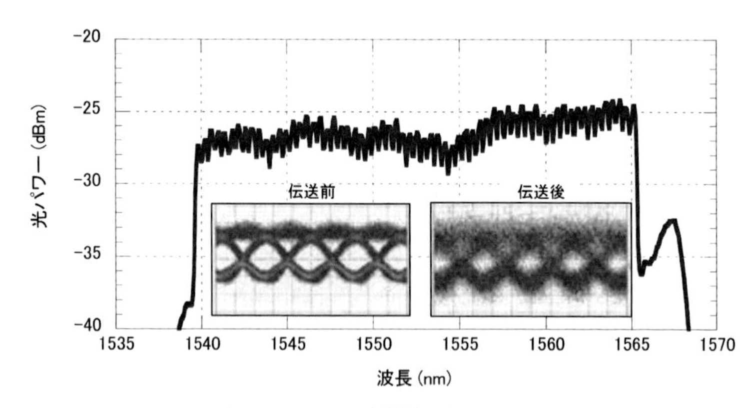

図6-4-3：8,200km伝送後の光スペクトル
(挿入図　伝送前後のバランスドレシーバ受信波形)

図6-4-4に、64WDM、8,200km伝送後の伝送特性（光SNRおよびQ値）を示す。全チャネルにおいて、9.5dB以上のQ値が得られ、連接

RS符号（RS（255,247）+RS（247,239））を用いた誤り訂正符号のしきい値（BER<1x10^{-13}）以上の特性が得られることが確認されている。

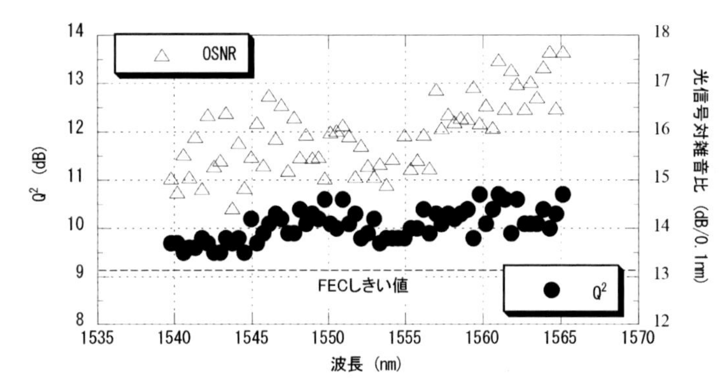

図6-4-4：8,200km伝送後の伝送特性

5　商用太平洋横断光海底ケーブル

6.2で述べた10Gbit/s、16WDM太平洋横断光海底ケーブル（Japan-US等）と初期の2.5Gbit/s、8WDM太平洋横断光海底ケーブル（China-US等）の各種の要素技術の比較を**表6-5-1**に示す。**表6-5-1**より、2.5Gbit/sベースのWDM技術では、NRZ信号が使用されていたが、非線形性耐力を向上するため10Gbit/s WDMではRZ信号が用いられた。また、伝送速度の高速化に伴い、光ファイバの非線形の影響を緩和する必要があったため、大口径光ファイバLCFや980nm励起による低雑音・広帯域光増幅器など様々な新規技術が採用され、ファイバ当たりの伝送容量は160Gbit/sまで飛躍的に増大した。尚、この10Gbit/sのWDM技術は、太平洋・大西洋横断光海底ケーブル（PC-1、Japan-US, TAT-14）のみならず、アジア地域の3～4,000kmのEACやC2Cケーブルシステムにおいても、波長数を64～96に拡大し商用化されている。

表6-5-1：商用2.5Gbit/sWDMシステムと10Gbit/sWDMシステムの特徴

	2.5G WDM	10G WDM
光伝送方式	2.5Gbit/s、8WDM (～10000km)	10Gbit/s、16WDM (7 ～ 9000km) 10Gbit/s、64-96WDM (3 ～ 4000km)
適用システム	China-US 、SEA-ME-WE 3	TAT-14、Japan-US, PC-1 (160Gbit/s) EAC(640Git/s)、C2C(960Gbit/s)
光中継器	光増幅器励起波長: 1480nm 雑音指数:6dB 帯域幅:6nm ⇒非線形耐力、信号雑音比SNRが低く高速伝送が困難	光増幅器励起波長: 980nm 雑音指数:4dB 帯域幅:10nm以上 ⇒非線形耐力、信号雑音比(SNR)が高く高速伝送可能
光ケーブル	スパン構成:均一 実効断面積:約45μm² 分散スロープ:約0.09ps/km/nm² ⇒非線形性波形劣化が著しく高速化が困難	スパン構成:大口系ファイバと低分散スロープファイバのハイブリッドファイバスパン 実効断面積:約75-80μm²と45μm² 分散スロープ:約0.09ps/km/nm²と約0.045ps/km/nm² ⇒低非線形・低分散スロープ光ファイバの導入により高速化可能
光送受信器	2.5Gbit/s NRZ光信号 誤り訂正(FEC)利得:約6dB ⇒非線形パターン効果(波形劣化)大	10Gbit/s RZ光信号 誤り訂正(FEC)利得:約8dB ⇒非線形パターン効果(波形劣化)少

表6-5-2に、光増幅器を用いるTPC-5以降の太平洋横断光海底ケーブルの主要特性を示す。6.2で述べた、10Gbit/sの16WDMシステムの後は、6.3で述べたように、光ファイバの分散マネージメントの進展により、波長分散のフラット化が実現され30nm以上の広い波長帯において均一な特性が達成可能になった。この広帯域分散マネージメント技術は、TGN-PやUNITY等に採用され。テラビット太平洋横断システムが実現されている。40Gbit/s RZ-WDM伝送技術は、2016年に次章で紹介するディジタルコヒーレント技術による100Gbit/s WDM伝送技術によるFASTERの登場により、太平洋横断光海底ケーブルでは直接商用化はされなかったが、短距離の光海底ケーブルには導入されている。

なお、**表6-5-2**は、初期設計の総容量を表している。光海底ケーブルでは海中区間は変更できないが、陸上の端局装置は、技術進展にあわせて変更され、システム容量はアップグレードされることが多い。例えば、Japan-US等は、建設初期には、10Gbit/sRZ光信号による16WDMであったが、その後RZ-DPSKの出現により、送信装置の計画的置換により、32WDMまで拡大されている。

表6-5-2：太平洋横断光海底ケーブルの主要特性

システム	Sin年	容量/F.P.	速度/λ (bps)	波長数	F.P.数	ケーブル容量	変調波形	ファイバ種類
TPC-5	1996	5G	5G	1	2	10G	NRZ	DSF/SMF (-D/+D)
China-US	2000	20G	2.5G	8	4	80G	NRZ	NZ-DSF/SMF (-D/+D)
PC-1	1999	160G	10G	16	4	640G	RZ	NZ-DSF/SMF (-D/+D)
Japan-US	2001	160G	10G	16	4	640G	RZ	NZ-DSF/SMF (-D/+D)
TGN-P	2002	640G	10G	64	8	5.12T	RZ	SMF/DCF (+D/-D)
UNITY	2010	960G	10G	96	5	4.8T	RZ(DPSK)	SMF/DCF (+D/-D)
FASTER	2016	10T	100G	100	6	60T	DP-QPSK	SMF (+D)

図6-5-1には、1980年から2020年までの40年間の太平洋横断光海底ケーブルのファイバペア当たりの容量の推移を示す。本章で紹介した10Gbit/sWDMの導入により、2000年代初頭に、容量が急峻に増加した様子がわかる。10Gbit/sWDMシステムは、PC-1からUNITYまで、RZ光パルスと正・負の波長分散が周期的に繰り返される分散マネージメントにより実現されている。1999年のPC-1以来2016年のFASTERの登場までの17年間、非線形光学効果を考慮した分散マネージメントとその定常解であるガウス型RZパルスが使用されていることは、第5章で紹介した分散マネージドソリトン伝送技術がこれらの基礎となっていることを示している。

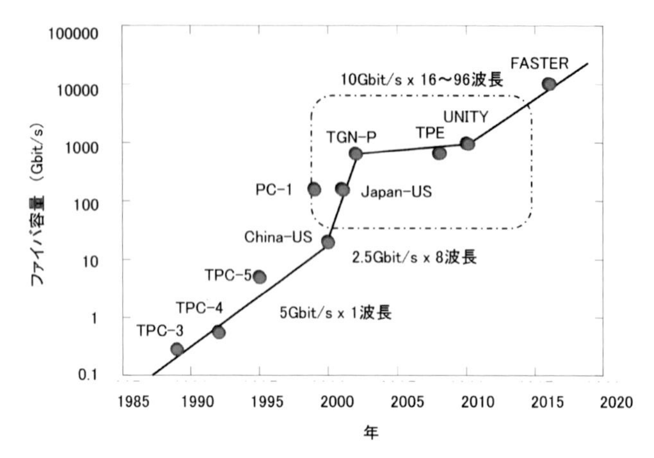

図6-5-1：太平洋横断光海底ケーブルのファイバ容量の推移
(点線内：10Gbit/sのRZ光信号と周期的な正・負の
分散マネージメント方式による商用システム)

最後に、**図6-5-2**に現在世界中に張り巡らされている光海底ケーブルネットワークを示す。光海底ケーブルネットワークは、インターネットが急激に普及・拡大する時期に、増大するトラヒックを収容できる高品質な広帯域通信環境をグローバルに提供した。グローバル光海底ケーブルネットワークは、今日の情報社会を支えるために欠かせない重要な基幹インフラである。

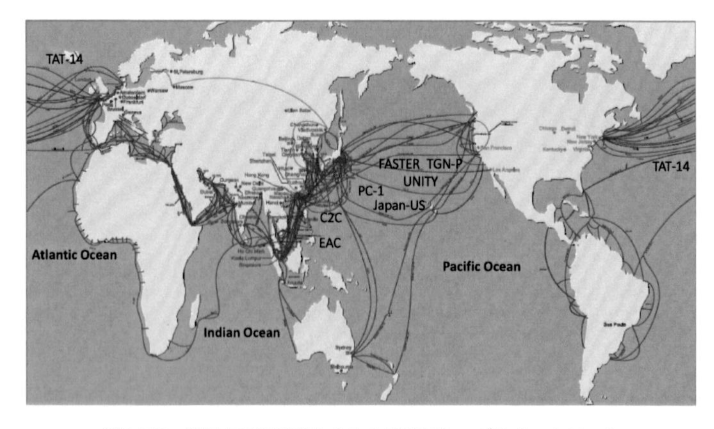

図6-5-2：世界中に張り巡らされる光海底ケーブルネットワーク

共同研究を通して得た世界の友人たち

AT&TとKDD（当時）の共同開発時には、9,000㎞の光ファイバと200台程度のEDFAからなるストレートラインの大規模テストベッドを構築し、伝送、監視、信頼性などの商用開発を行った。TPC-5用テストベッドは1992-1995の3年間、米国フリーホールドに設置され、日本からは、ほぼ3か月周期で、複数の研究者が入れ替りで共同実験に参加した。次の10Gbit/sWDMシステム開発用のテストベッドは、新横浜に設置されたが、今度は、米国から複数の研究者が入れ替わり試験に参加した。システム全体の開発責任者（秋葉）から、幸運（?）にもテストベッド試験責任者に指名された筆者の一人（鈴木）は、約1年間、埼玉から横浜に車で片道2時間半以上かけて試験に参加した。ベル研のメンバーと切磋琢磨しながら、問題を共有し解決策をその場で模索した経験は、試験に参加した研究室のほぼ全メンバーの貴重な財産となった。また、毎日昼食を共にしながら議論していると、自然に気持ちが通じ合う。TPC-5の開発のころから続けられたこの共同テストベッド試験は、技術のみならず信頼関係の醸成にも有効であり、これがプロジェクト成功の秘訣でもある。テストベッド参加メンバーは、今も、世界中に散らばった多くの元ベル研メンバーとの交流が続いている。

【参考文献】

(1) S.Akiba：“A long haul optical amplifier system engineering based on EDFA technology"、OAA'93、Yokohama、pp.110-113、1993
(2) 山本、鈴木：“光増幅技術の応用による国際ケーブルシステムの研究開発"、電子情報通信学会誌、Vol.81、pp.1195-1217、1998
(3) M. Suzuki、H. Kidorf、N. Edagawa、H. Taga、N. Takeda、I. Morita、S. Yamamoto、E. Shibano、T. Miyakawa、E. Nazuka、M. Ma、F. Kerfoot、R. Maybach、H. Adelmann、V. Arya、C. Chen、S. Evangelides、D. Gray、B. Pedersen、A. Puc、“ 170Gb/s transmission over 10850km using large core transmission fiber"、OFC'98、PD17、1998
(4) T. Tsuritani、Y. Yamada、A. Agata、N. Takeda、N. Edagawa and M.Suzuki、“1Tbit/s (100x10.7Gbit/s) Transpacific Transmission Over 7、750km Using Single-Stage 980nm-Pumped C-band Optical Repeaters Without Forward Error Correction"、OECC'2000、11A2-3、pp.22-23、2000
(5) B. Bakhshi、M.F. Arend、M. Vaa、E.A. Golovchenko、D. Duff、H. Li、S. Jiang、W.W. Patterson、R.L. Maybach、and D. Kovsh、“1 Tbit/s (101 x 10 Gbit/s) transmission over transpacific distance using 28 nm C-band EDFAs"、OFC'2001、PD21、2001
(6) M. Suzuki, and N. Edagawa, “Dispersion-managed high-capacity ultra-long-haul

transmission," IEEE J. Lightwave Technol., vol.21, pp.916-929 , 2003
(7) .Morita and N. Edagawa, "50GHz-spaced 64 x 42.7Gbit/s Transmission Over 8200km Using Pre-filtered CS-RZ DPSK Signal and EDFA Repeaters," ECOC2003, Th4.3.1, 2003

第7章

ディジタルコヒーレント方式による長距離大容量光ファイバ通信システム

1 ディジタルコヒーレント方式の概要

コヒーレント受信方式は、受信機内に設けた光源で発生する局部発振光（ローカル光）と伝送後の受信光信号を干渉させて受信する方式である。直接受信方式では、受信光信号の強度（振幅情報）のみを検出するのに対し、コヒーレント受信方式では、受信光信号の振幅情報と位相情報の双方を検出することができる。コヒーレント受信方式は、無線通信システムでは一般的に使用されている方式であり、その高感度性に着目し、光通信システムでも1980年代から研究されてきた。しかし、無線通信システムと比較して搬送波の周波数が桁違いに高い光通信システムでは、位相雑音が極めて小さい（線幅が狭い）レーザや、波形等化のためのマイクロ波回路、信号光とローカル光の位相同期の実現が難しかったため、なかなか実用化されなかった。その後、光増幅器の出現により、高感度受信に対する要求が緩和されたこともあり、光通信システムにおけるコヒーレント通信の研究は下火となった。2000年以降、40Gbit/sから100Gbit/sへと伝送信号の高速化の要求が高まるとともに、光通信システムにも高感度位相変調方式の導入が不可欠となり、コヒーレント受信方式が再注目された。この頃には、ディジタル信号処理技術も大きく進展しており、高速なディジタル信号処理技術により、従来からのコヒーレント受信方式の課題が解決できることが示された[(1),(2)]。このような位相同期や波形等化等にディジタル信号処理を積極的に利用したコヒーレント受信方式を、ディジタルコヒーレント受信方式と呼ぶ。

図7-1-1にディジタルコヒーレント受信機の基本構成を示す。受信機に入力されたアナログ光信号は、光ハイブリッドを用いてローカル光と干渉させた後、アナログ／ディジタル変換器によりディジタル信号に変換される。その後、ディジタル信号処理を用いて受信信号の搬送波の位相推定や信号等化が行われる。そのため、従来の課題であった、ローカル光を信号光の位相変化に追尾させる必要がなくなった。また、偏光ビームスプリッタを用いて受信光信号の2つの直交する偏

波成分を同時に受信する偏波ダイバーシティ構成（**図7-1-2**）を導入することにより、受信機の偏波依存性の問題も解決できる。

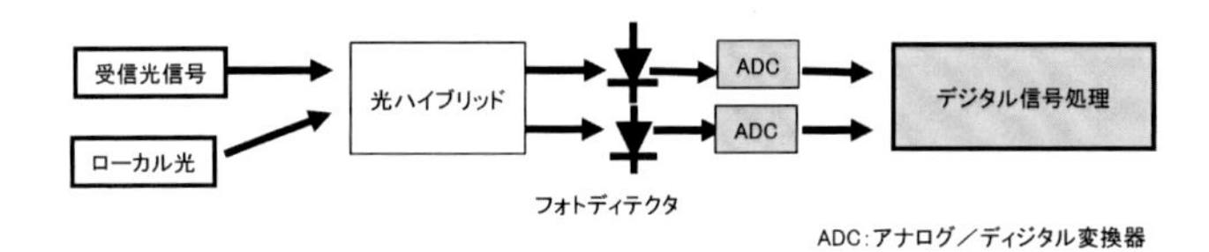

図7-1-1：ディジタルコヒーレント受信機の基本構成

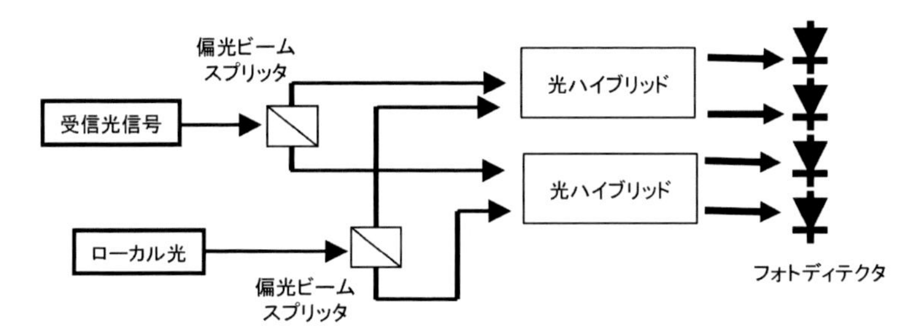

図7-1-2：偏波ダイバーシティ構成

図7-1-3にディジタルコヒーレント受信機のディジタル信号処理の代表例を示す。光ハイブリッドからの光出力信号はフォトディテクタにより電気信号に変換された後、アナログ／ディジタル変換器（ADC：Analog to Digital Convertor）によりディジタル化される。一般的に、ADCのサンプリング速度は変調信号のシンボル速度の2倍に設定される。その後、ディジタル化された信号を用いて信号処理を行い、波長分散補償、偏波分離・等化、クロックリカバリ、周波数／位相オフセット補償を行った後、信号判定を行う。

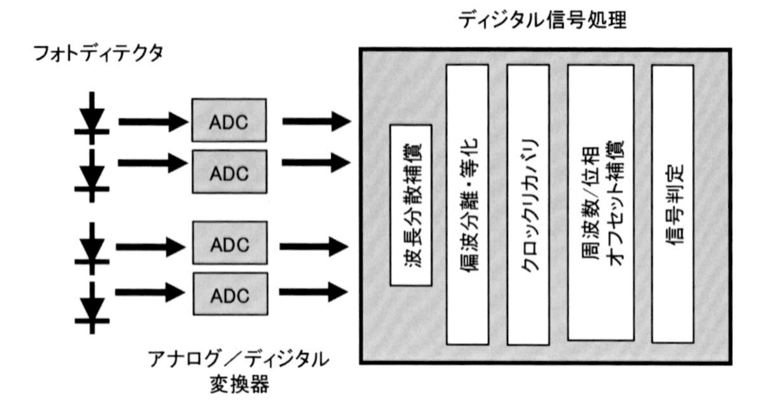

図7-1-3：受信機内のディジタル信号処理

伝送路の波長分散は、**図7-1-4**に示すような有限インパルス応答（FIR：Finite Impulse Response）フィルタで補償することができる。この時、FIRフィルタの所要タップ数は、分散補償量に比例し、伝送速度の二乗に比例する。特に、大洋横断級の長距離伝送の場合、分散補償量は数千ps/nm以上に達し、FIRフィルタで分散補償を行う場合の演算規模が莫大となるため、その効率化のために、フーリエ変換と逆フーリエ変換を用いた周波数領域フィルタが一般的に用いられる。この場合、周波数領域フィルタの係数（C_k）は固定して伝送路の波長分散の大部分を補償し、残った波長分散は、周波数領域フィルタの後段に設けた時間領域の等化器で補償することが多い。このような構成とすることにより、時間変動への追従も可能となる。

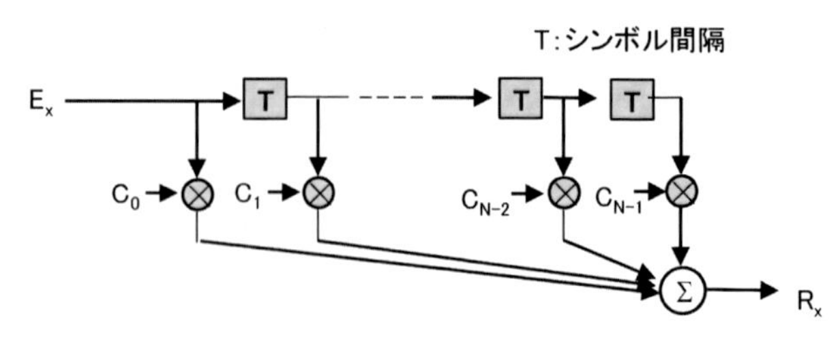

図7-1-4：FIRフィルタ

偏波モード分散や偏波依存性損失、複屈折の影響は2×2の伝達関数行列で示される。それを補償するための逆行列は**図7-1-5**に示すようなバタフライ型構成としたFIRフィルタで実現できる。光ファイバ伝搬中の光信号の偏波状態は高速に変化するので、それに追従するため、FIRフィルタの係数を更新する必要がある。そのためのアルゴリズムとしては、定包絡アルゴリズム（CMA：Constant Modulus Algorithm）や最小平均二乗（LMS：Least Mean Square）アルゴリズム等が用いられる。振幅が一定のQPSK信号の場合、計算量が小さく、ブラインド等化が可能なCMAが広く用いられている。CMAでは、複素振幅の絶対値が一定になるようにタップ係数を更新する。CMAを偏波多重伝送方式に適用した場合、各偏波を独立に制御するため、二つの出力が同一偏波に収束してしまう特異点問題を完全に解決することはできない。この問題を解決するための方法として、データ信号の間に既知のトレーニング信号を挿入する方法等も提案されている。

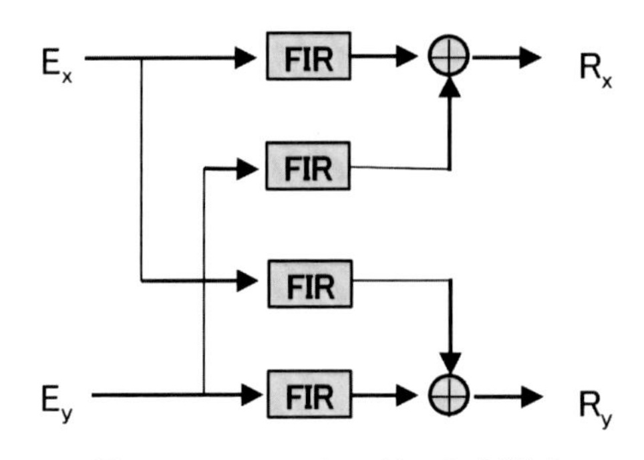

図7-1-5：FIRフィルタのバタフライ型構成

ディジタルコヒーレント受信機では、ローカル光の位相を信号光に追尾させないため、光ハイブリットからの出力光は、信号光とローカル光の周波数／位相は一致していない。そのため、復調のためには信号光とローカル光の周波数／位相オフセットを検出し、同期させる必要がある。M相位相変調信号は、M乗すると位相変調を取り除くことができる。QPSK信号の例を**図7-1-6**に示す。θのオフセットがある

QPSK信号を4乗すると、位相変調成分は2 π の整数倍となって取り除かれるため、4 θ の値を得ることができる。その値を4で割った後、元の信号から引くことで、オフセット補償ができる。

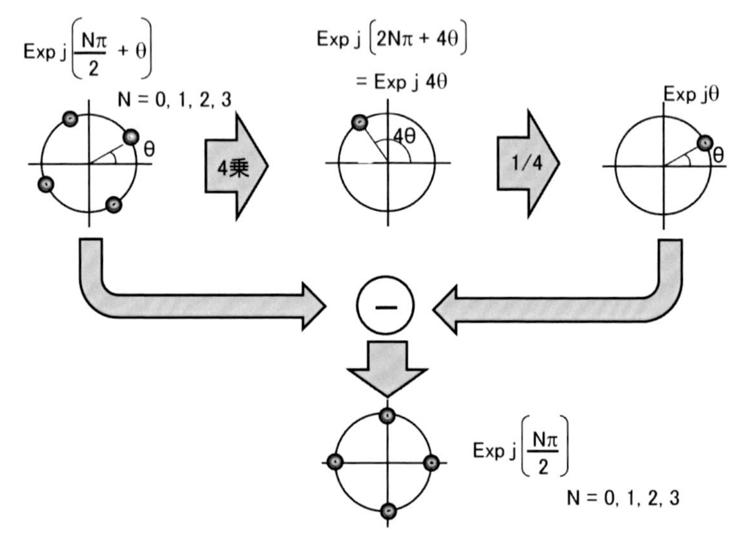

図7-1-6：QPSK信号の位相推定

なお、**図7-1-6**で示した、累乗を用いた位相推定方法は、位相変調信号にしか適用できないため、QAM信号の場合には、判定指向型のアルゴリズムが用いられることが多い。

ディジタルコヒーレント受信方式では、コヒーレント受信方式の特徴である高感度受信を実現できるだけでなく、7.1.1～7.1.3で述べる特徴も有する。

7.1.1　各種変調信号への対応

コヒーレント受信方式では、光受信信号の強度だけでなく、位相の検出も可能となるため、光の振幅と位相を用いたどのような変調方式にも対応可能であり、直交振幅変調（QAM：Quadrature Amplitude Modulation）信号のような多くの振幅・位相状態を用いた多値変調信号の受信も可能となる。多値変調信号では、1つの光信号で送れる情報量を増やすことができるため、同一の伝送速度を得るための変調速度（シンボル速度）を低速化でき、信号帯域も削減できる。そのため、低速の光・電気部品を用いた高速信号の送受信が可能となるだけでなく、波長多重システムにおける周波数利用効率の向上も可能となる。

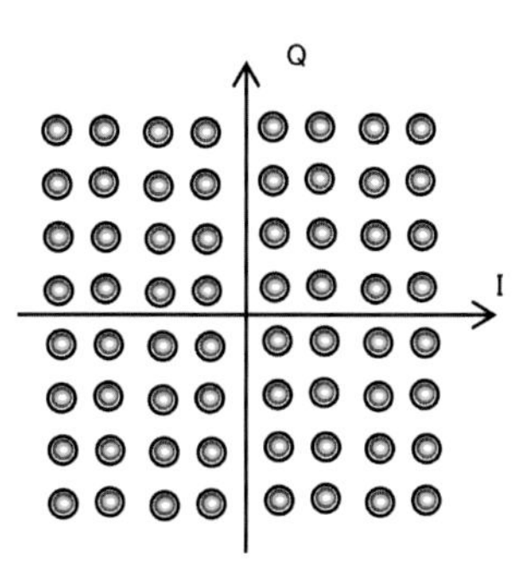

図7-1-7：QAM信号の信号点配置例（64QAM信号）

多値変調信号の生成には、振幅と位相の任意の組み合わせ状態を得るためのベクトル変調が必要となる。ベクトル変調の実現手段としては、強度変調器と位相変調器を用いて光の強度と位相を独立に変調する方法（**図7-1-8（a）**）と、2台の強度変調器を用いて同相成分と直交成分を独立に変調した後、$\pi/2$の位相差を設けて合波する方法（**図7-1-8（b）**）がある。QAM信号生成には、強度変調器としてマッハツェンダー（MZ）変調器を用い、MZ変調器2台を並列に集積したデュアルパラレルMZ変調器が一般的に用いられる。

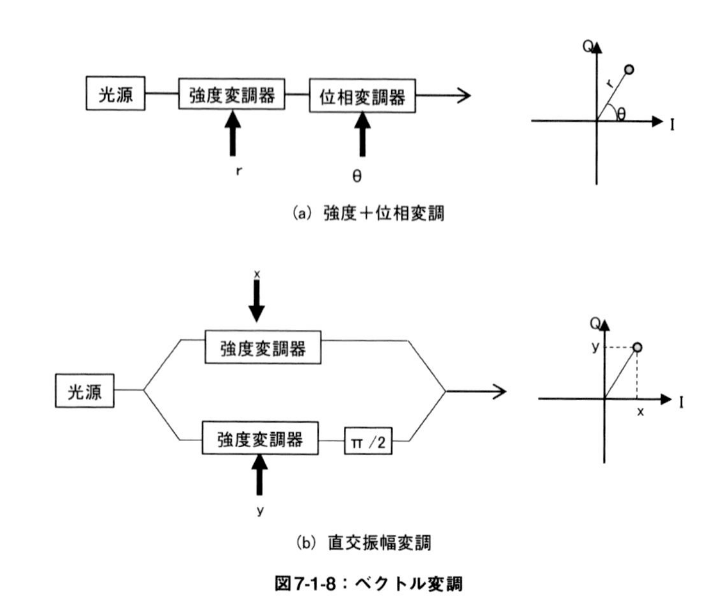

図7-1-8：ベクトル変調

変調方式の多値化にともない、所望の信号品質（符号誤り率）を得るために必要となる光信号対雑音比（光S/N比）は増大する。**図7-1-9**に伝送速度を一定（多値度に応じてシンボル速度を低速化）とした場合の多値化による所要S/N比の増加を示す。光信号の振幅を一定とし、位相状態の変化のみで情報伝送を行う位相偏移変調（PSK：Phase Shift Keying）と比較して、振幅状態の変化も用いるQAMでは所要S/N比の増加の割合は小さいが、そのQAMの場合でも、4QAM（QPSK）から16QAMへと1シンボル当りの情報量を2倍に向上した場合、所要S/N比は約4dB増加する。これは一定の条件で信号伝送を行った場合、周波数利用効率は2倍に向上することができるが、伝送可能距離は0.4倍に短縮することを示す。

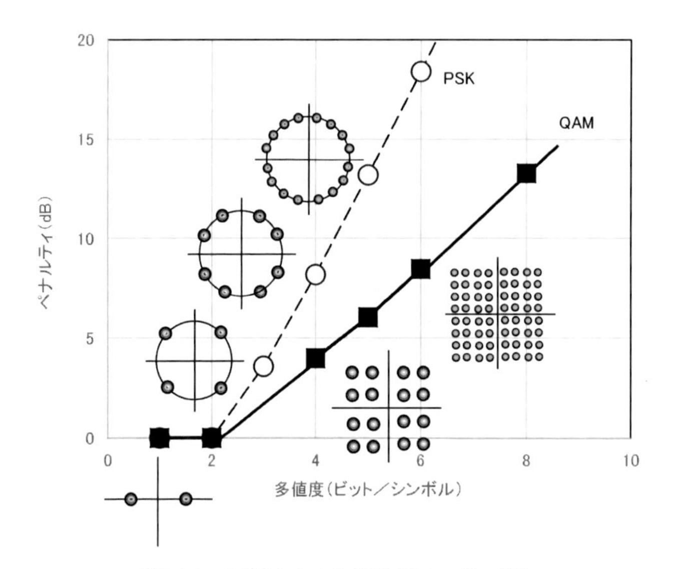

図7-1-9：多値化にともなう所要光S/N比の増加

多値変調信号の伝送距離延伸のためには、光S/N比の向上が不可欠となる。光S/N比向上のためには、光ファイバへの入力信号パワーの増大が有効であるが、特に長距離光ファイバ通信システムにおいては、光ファイバ入力パワーの増大とともに、光ファイバ中の非線形光学効果による信号劣化が大きくなるため、入力可能な光信号パワーが制限される。そのため、光ファイバの低損失化や光増幅器の低雑音化等による受信光S/N比の向上と共に、誤り訂正符号の高性能化等による伝送後の信号に求められる信号品質の低減も重要となる。

多値変調信号の所要S/N比を低減する手段として、多値変調信号の信号点配置を最適化する方法もある。**図7-1-10（a）**に示すように、通常のQAM信号の場合、IQ平面上に均等に信号点が配置されるが、**図7-1-10（b）**に示す幾何学的整形（GS：Geometric Shaping）の場合、エネルギーの小さい原点の近くに多くの信号点を配置し、エネルギーの大きい原点から離れた場所に配置する信号点を少なくする。

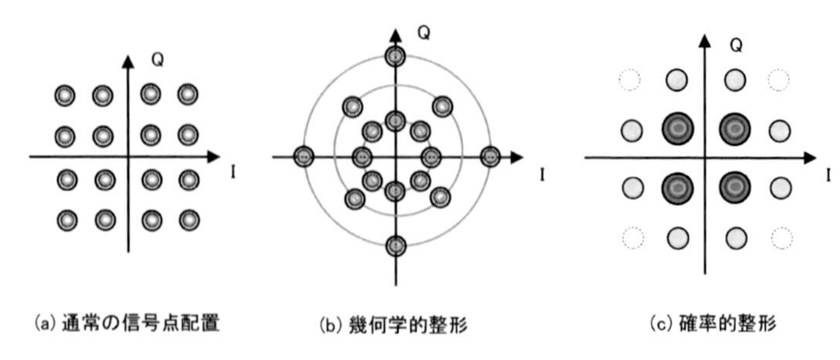

(a) 通常の信号点配置　(b) 幾何学的整形　(c) 確率的整形

図7-1-10：信号点配置の最適化

一方、**図7-1-10（c）**に示す確率的整形（PS：Probabilistic Shaping）の場合、信号点の配置は通常のQAM信号と同じであるが、各信号点に配置する頻度を変化させ、エネルギーの小さい原点に近い信号点に配置する頻度を、エネルギーの大きい原点から離れた信号点に配置する頻度よりも大きくする。このような配置とすることで、信号点間隔を一定としたまま、全体的な信号エネルギーは低減される。これは、信号エネルギーを一定とした場合、信号点間隔が拡がることを意味し、これにより信号特性が向上する。

さらに、各信号点に配置する頻度は**図7-1-11**に示すように、自由に変化させることができる。そのため、伝送システムで得られる光S/N比に応じて、信号点に配する頻度を最適化することで、伝送速度を柔軟に変化させることができる。このような柔軟性も確立的整形の利点の一つである。

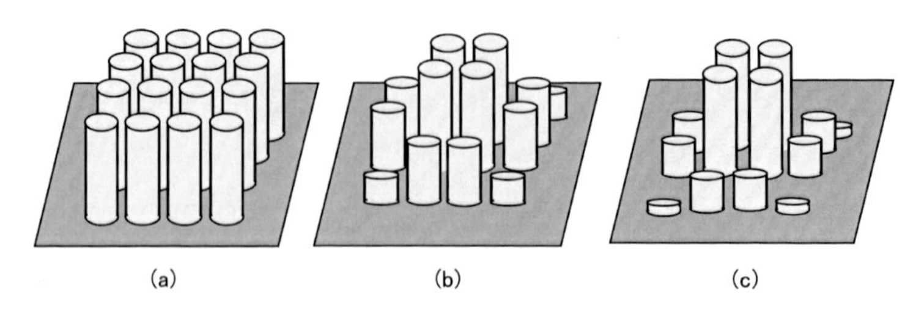

(a)　(b)　(c)

図7-1-11：確率的整形における信号点への配置頻度の変化

7.1.2　偏波多重信号への対応

偏波ダイバーシティ構成としたディジタルコヒーレント受信機では、直交する2偏波成分を同時に受信後、ディジタル信号処理を用いて偏波分離を行うことが可能となる。光信号の偏波状態は光ファイバ伝搬中に変動するが、偏波の直交性は維持されるため、**図7-1-12**に示すような直交する2つの偏波成分を用いて独立なデータを伝送する偏波多重伝送方式を用いることが可能となる。偏波多重伝送方式では、同一の帯域を用いた伝送容量を2倍に拡大（周波数利用効率を2倍に拡大）することができるため、ディジタルコヒーレント伝送システムでは、伝送容量拡大のための方式として一般的に用いられている。

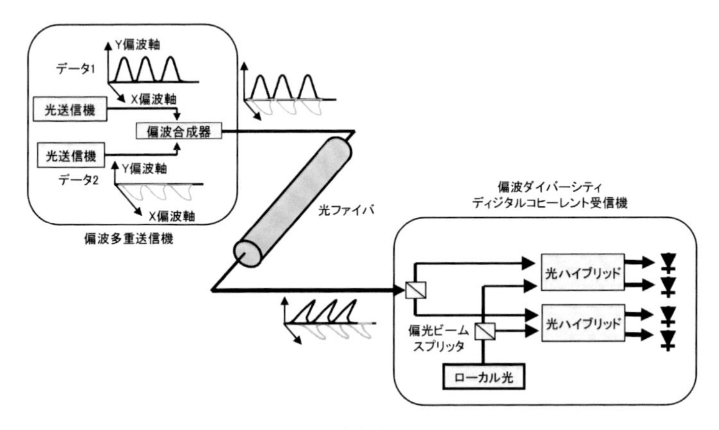

図7-1-12：偏波多重伝送システム

7.1.3　伝送制限要因の補償

前述した通り、ディジタルコヒーレント受信機では、光ファイバ伝送における線形の劣化要因である波長分散や偏波モード分散の影響をディジタル領域で補償できるが、非線形光学効果の影響の一部もディジタル信号処理により補償可能である。ただし、長距離伝送になるほど補償に必要な計算処理負荷が増大するため、その低減が課題となる。特に、相互位相変調等の波長多重信号間の非線形光学効果を補償するためには、複数の波長多重信号を一括受信してディジタル信号処理を行う必要があり、処理負荷が著しく増大することが課題となる。

2 ディジタルコヒーレント方式を用いた光海底ケーブルシステム：FASTER

2016年に商用サービスが開始されたFASTERは、ディジタルコヒーレント方式の導入を前提に設計された最初の太平洋横断光海底ケーブルシステムである。FASTERの主要諸元を**表7-2-1**に示す。

表7-2-1：FASTERの主要諸元

共同出資者	KDDI (日本) China Mobile International (中国) Chana Telecom Global (中国) Global Transit (マレーシア) Google (米国) Singtel (シンガポール)
システム長	約9,000 km
設計ファイバ容量	10 Tbit/s(100 Gbit/s x 100波長多重)
ファイバペア数	6 ファイバペア
設計ケーブル容量	60 Tbit/s
運用開始日	2016年6月30日
システム供給者	NEC

FASTERでは、ディジタルコヒーレント方式を用いて、100チャネルの100Gbit/s信号が伝送可能な設計となっており、初期設計ケーブル容量は60Tbit/s（10Tbit/s × 6ファイバペア）に達している。

100Gbit/s信号の約9,000kimの長距離伝送は、以下に述べる送受信技術、伝送路技術によって実現されている。

7.2.1 送受信技術

光送信機の基本構成を**図7-2-1**に示す。光送信機では、レーザ光源で発生した連続光をX偏波用とY偏波用に2分岐した後、分岐したそれぞれの連続光をベクトル変調器を用いて25Gbaudの変調速度で4相位相変調（QPSK：Quadrature Phase Shift Keying）方式により変調し、50Gbit/sの光変調信号を生成する。その後、2系統のベクトル変調器で発生した光変調信号を偏波合成器により合波することにより、100Gbit/sの偏波多重QPSK信号を得ている。なお、実際の変調速度や伝送速度は誤り訂正符号用の冗長ビットを付加したものとなっている。FASTERでは、従来システムよりも訂正能力の高い誤り訂正符号が導入されており、商用システムに要求される符号誤り率を得るために必要となる光S/N比の低減が図られている。

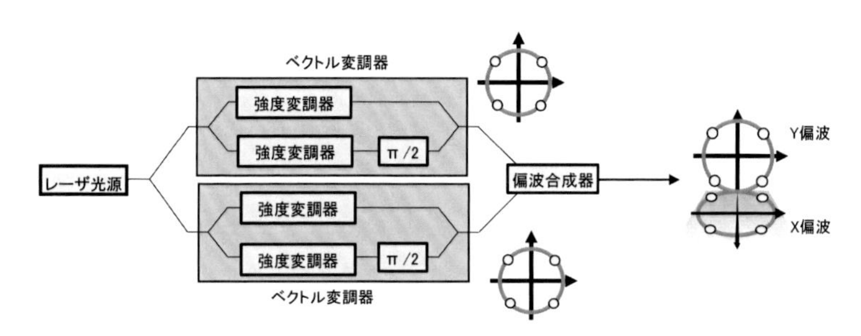

図7-2-1：光送信機の基本構成

光受信機の基本構成を**図7-2-2**に示す。偏波ダイバーシティ構成のディジタルコヒーレント受信方式を用い、伝送路中で累積した波長分散の補償、偏波多重信号の分離や偏波モード分散の補償がディジタル信号処理により行われている。

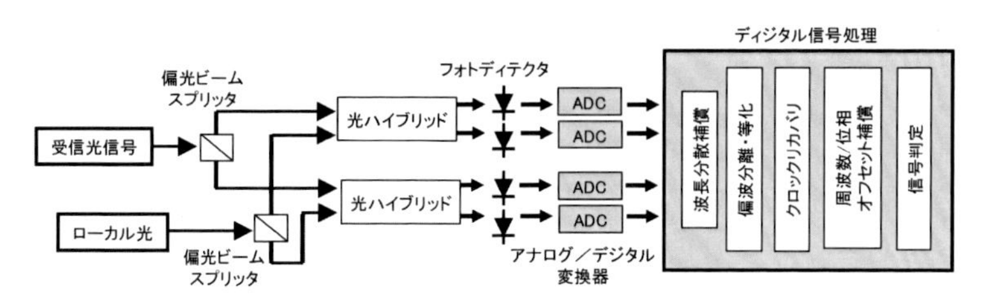

図7-2-2：光受信機の基本構成

FASTERの初期設計では、このような送受信機により生成・受信される100Gbit/s信号を40GHz間隔で最大100チャネル波長多重する設計となっており、この時に得られる周波数利用効率は2.5bit/s/Hzとなっている。

なお、FASTERは、海底に敷設した伝送路はそのままで、送受信機を最新技術を用いたものに置換し、容量拡大することを設計時から考慮したシステムとなっている。実際に、変調方式をQPSK方式から8QAMに変更すると共に、波長多重信号の周波数間隔を37.5GHz間隔に狭めることで周波数利用効率を4bit/s/Hzにまで向上させた例も報告されている[3]。

さらに、オフライン処理を用いた報告ではあるが、前節で述べた確率的整形を行った64QAM信号を用いた伝送実験も行われており、この場合には、周波数利用効率は6bit/s/Hzまで向上されている[4]。

7.2.2 伝送路技術

FASTERの伝送路構成を**図7-2-3**に示す。伝送路は、低損失・低非線形正分散ファイバと、CバンドのEDFA中継器で構成されており、中継間隔は約60kmである。FASTERで用いられている中継器は、UNITY等のその前の世代の光海底ケーブルシステムで用いられていたものと同等である。一方、伝送用ファイバに関しては、それまでの波長多重光海底ケーブルシステムに導入されていた分散マネージメントは用いられておらず、一種類の光ファイバのみで伝送路が構成されている。

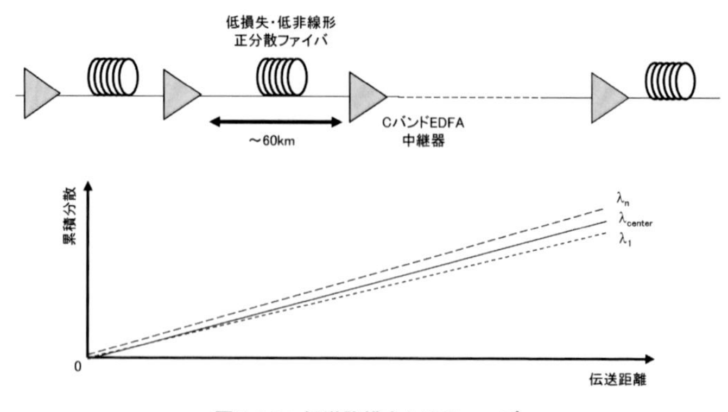

図7-2-3：伝送路構成と分散マップ

正分散ファイバの波長分散は約20ps/nm/kmであり、太平洋横断距離の伝送での累積波長分散は200,000ps/nm近くに達するが、この累積波長分散は、全てディジタルコヒーレント受信機内のディジタル信号処理により補償される。

このように、一種類の光ファイバのみで伝送路を構成することは、伝送路構成を単純化する以外に、伝送路の低損失化や低非線形化が図れる利点がある。

分散マネージメント伝送路を正分散ファイバと分散補償ファイバで構成する場合、分散補償ファイバの損失は正分散ファイバと比較すると大きいため、伝送路全体の損失増加が避けられない。分散補償をディジタル信号処理で行うことにより、分散補償ファイバを不要とすることができ、その損失の影響を無くすことができる。

また、光ファイバの実効断面積も、正分散ファイバと分散補償ファイバでは異なり、実効断面積が小さい分散補償ファイバ中での非線形光学効果の影響が無視できないが、分散補償ファイバを不要とすることで、この影響も無くすことができる。さらに、伝送路中で分散補償を行わないことで、伝送路中で累積波長分散が零近くになることがなくなり、位相整合が起きにくくなるため、伝送中の非線形光学効果の影響も小さくできる。

上記の理由に加えて、光ファイバの設計から波長分散の制約を取り除くことにより、低損失化や低非線形化に最適化した正分散ファイバを用いることができる。FASTERでは、実効断面積を130μm^2に拡大したピュアシリカコアファイバが伝送用ファイバとして用いられている。標準単一モードファイバ（SMF）では、コアに屈折率制御用のGeが添加されており、実効断面積は80μm^2程度であるが、コアへの添加物を無くし、実効断面積を拡大することにより、低損失化、低非線形化が図られている。

3　ディジタルコヒーレント方式を用いた光海底ケーブルシステムの大容量化

FASTERでは、海底に敷設された伝送路をそのまま用い、送受信機をアップグレードすることにより、大容量化が図られているが、大洋横断海底ケーブルのさらなる大容量化を図るために、伝送路部分の改良も進められている。

FASTERやそれ以前の大洋横断海底ケーブルでは、CバンドEDFA中継器が用いられているが、システムで利用できる帯域を拡大するため、CバンドEDFAだけでなく、Cバンドより長波長のLバンドEDFAも併用する方式（C+LバンドEDFA）の光海底ケーブルシステムへの導入も進められている。

図7-3-1にC+LバンドEDFAの構成を示す。CバンドからLバンドにわたる波長多重光信号は、バンド分波器により、CバンドとLバンドに分けられた後、それぞれのバンド用に設計されたEDFAで増幅される。その後、バンド合波器により合波され、伝送路に送出される。Lバンド用EDFAは、エルビウム添加ファイバをCバンド用EDFAの5～10倍に長尺化することで実現できる。

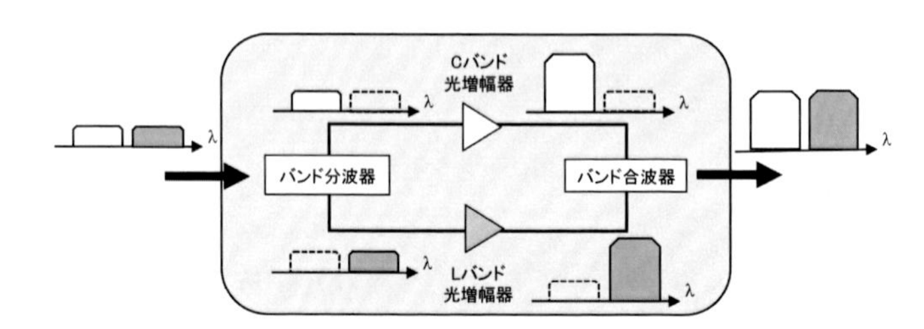

図7-3-1：C+LバンドEDFAの構成とスペクトル

C+LバンドEDFAは、2000年代の初めにWDMシステムの著しい大容量化が進められた際に、陸上伝送システム用に開発されたが、LバンドEDFAはCバンドEDFAと比較してエネルギー効率が低いこともあり、電力に制限のある海底ケーブルシステムでは用いられてこなかった。しかし、大洋横断ケーブルシステムの容量需要の高まりと共に、その必要性が増している。2019年の運用開始に向けて建設が進められている香港－米国間のPLCN（Pacific Light Cable Network）では、C+LバンドEDFAを導入することが公表されており、そのファイバ容量はFASTERの初期設計の2倍以上の144Tbit/sまで拡大可能である(5)。

光増幅器の増幅帯域を拡大する方法として、光ファイバ中のラマン効果を用いたラマン増幅器の導入も進められている。ラマン増幅器では、励起光をファイバに入射すると、励起光波長から100nm程度長波長にシフトした波長帯に利得が発生する現象を利用している。そのため、励起光の波長を任意に選択可能であれば、任意の波長帯の光増幅器が得られる。さらに、複数の波長の励起光を用いることにより、広帯域の光増幅器も得られる(6)。また、**図7-3-2**に示すようにEDFAとラマン増幅の併用による広帯域化も可能である。2019年の運用開始に向けて建設が進められているアルゼンチン－ブラジル間の光海底ケーブルARBRでは、EDFAとラマン増幅のハイブリッド増幅方式が導入されており、CバンドEDFAとLバンドのラマン増幅を併用することにより、CバンドからLバンドにわたる70nm程度の利得帯域が得られている(7)。この場合、C+LバンドEDFAとは異なり、バンド間のガードバンドが不要であるため、連続的な増幅帯域が得られることが特徴である。

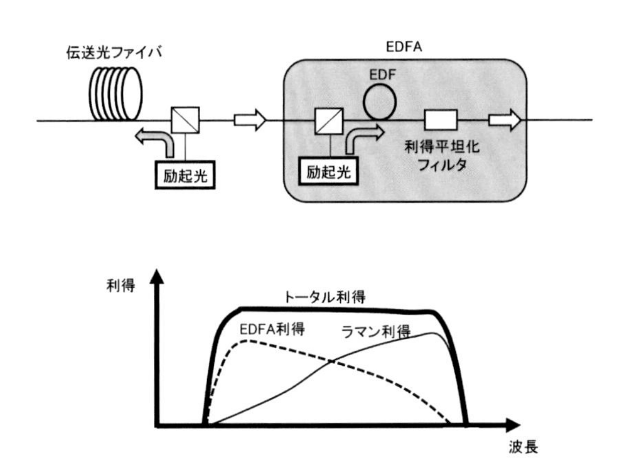

図7-3-2：EDFA・ラマンハイブリッド増幅の構成とスペクトル

【参考文献】

(1) S. Tsukamoto, K. Katoh, and K. Kikuchi, "Unrepeated Transmission of 20-Gb/s Optical Quadrature Phase-Shift-Keying Signal Over 200-km Standard Single-Mode Fiber Based on Digital Processing of Homodyne-Detected Signal for Group-Velocity Dispersion Compensation," IEEE Photon. Technol. Lett., Vol. 18, No. 9, pp.1016-1018（2006）.

(2) H. Sun, K.-T Wu, and K. Roberts, "Real-time measurements of a 40 Gb/s coherent system," Opt. Express, Vol. 16, Issue 2, pp. 873-879（2008）.

(3) V. Kamalov, L. Jovanovski, V. Vusirikala, E. Mateo, Y. Inada, T. Ogata, K. Yoneyama, P. Pecci, D. Seguela, O. Rocher,.H. Takahashi, "FASTER Open Submarine Cable," ECOC2017, Th2E.5（2017）.

(4) V. Kamalov, L. Jovanovski, V. Vusirikala, S. Zhang, F. Yaman, K. Nakamura, T. Inoue, E. Mateo, Y. Inada, "Evolution from 8QAM live traffic to PS 64-QAM with Neural-Network Based Nonlinearity Compensation on 11000 km Open Subsea Cable," OFC2018, Th4D.5（2018）.

(5) http://pldcglobal.com/plcn-is-coming-in-service-in-2019/

(6) S. Namiki and Y. Emori, "Ultrabroad-Band Raman Amplifiers Pumped and Gain-Equalized by Wavelength-Division-Multiplexed High-Power Laser Diodes," IEEE J. Selected Topics in Quantum Electron, Vol. 7, pp.3-16（2001）.

(7) https://www.xtera.com/2018/05/01/seaborn-selects-cl-band-design-arbr-serve-needs-icp-community/

第8章

空間多重光伝送技術

1 光ファイバの伝送容量限界

2019年現在、通信トラヒックは年率40%程度の割合で継続的に増加している。通信トラヒックが同様のペースで伸びていくと仮定すると、2020年代の後半には、現在の100倍の通信トラヒックとなるため、基幹系光伝送システムではファイバ当りの伝送容量を1Pbit/s級へ大容量化することが必要になると考えられる。

しかし、従来の光ファイバでは以下の理由により、そこまでの大容量化は困難である。以下でその理由を説明する。

シャノン・ハートレーの定理から導かれる通信容量の最大理論値（シャノン限界）は以下の式で表される。

$$C\left[\mathrm{bit/s}\right]=B\left[\mathrm{Hz}\right]\log_2\left(1+S/N\right) \qquad (8.1.1)$$

ここで、Cは通信容量、Bは帯域、S/Nは信号対雑音比である。本式を帯域当たりの通信容量を示す周波数利用効率SEで書き直すと以下の式となる。

$$SE\left[\mathrm{bit/s/Hz}\right]=\log_2\left(1+S/N\right) \qquad (8.1.2)$$

これらの式は、信号対雑音比を増加させる、すなわち、信号パワーを増加させることができれば、それに応じて通信容量を増加できることを示している。

しかし、光ファイバ通信の場合には、光ファイバ伝搬中に生じる非線形光学効果の影響を考慮する必要がある。光ファイバ通信では、直径10μm程度のコアに光パワーが集中して伝搬するため、光パワー密度が非常に高くなり、非線形光学効果の影響が無視できなくなり、その影響は伝送距離が長くなるほど大きくなる。

図8-1-1に式8-1-2で得られるシャノン限界と、非線形光学効果の影響を模式的に示す。**図8-1-1**に示す通り、光ファイバ伝搬中の非線形

光学効果の影響により、得られる周波数利用効率には上限が存在する。この時、非線形光学効果の影響は伝送距離が長くなる程大きくなるため、その上限値は伝送距離が長くなる程小さくなる。実効断面積80μm^2、損失0.2dB/kmの標準SMFのパラメータを用い、理想的な分布ラマン増幅を仮定して計算した例では、偏波当りの周波数利用効率は、500km伝送で9.0bit/s/Hz、8,000km伝送で5.6bit/s/Hz程度に制限されることが報告されている(1)。本報告では、単一偏波での周波数利用効率を計算しており、偏波多重を行った場合、周波数利用効率は2倍に拡大できるため、光ファイバ通信で広く用いられているCバンドとLバンドの帯域の全て（約10THz）を用いることができるとすると、伝送容量限界は100~200Tbit/s程度となる。

また、非線形光学効果の他にも、ファイバヒューズと呼ばれる、光ファイバへの入力可能パワーを制限する現象がある。これは光ファイバにワット級の高パワーの光を入力した状態で、その一部分を加熱すると、コア部だけが部分的に溶融する現象である。その溶融部は強い光を発しながら光源に向かって伝達していき、溶融部が伝達した後の光ファイバのコア領域には、長手方向に空洞の列が形成される。すなわち、光ファイバの構造が物理的に破壊された状態になる。

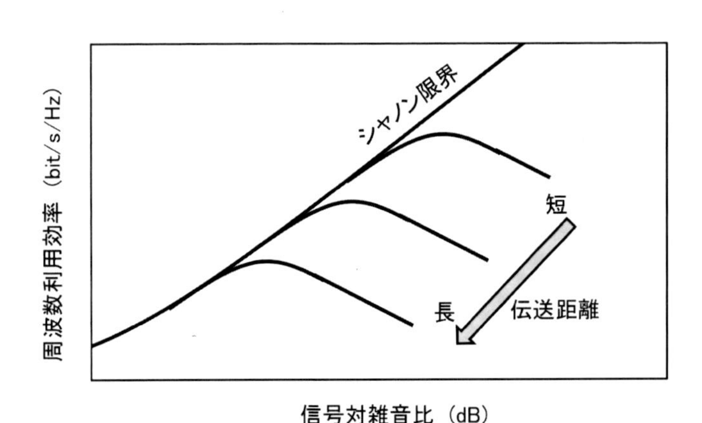

図8-1-1：光ファイバ伝送後に得られる周波数利用効率

なお、ファイバヒューズは高パワーを入力すると必ず発生するわけではなく、ある地点でファイバコアを溶融させる原因が発生すると、そこから光源へ向かって伝達していく。実際の光ファイバ伝送路においては、コネクタ端面に付着した異物の光吸収や、ファイバ破断時の多重反射による光エネルギーの集中が原因となる可能性がある。

ファイバヒューズが発生する光パワーにはしきい値が存在する。その値は光ファイバのモードフィールド径に比例し、標準SMFの場合には、1.5W程度であることが報告されている(2)。標準SMFを用いて69Tbit/sの伝送容量を達成した240kmの伝送実験では、光ファイバへの信号入力パワーの合計は120mWに達している(3)。伝送容量をさらに拡大し、伝送距離を延伸するためには、光ファイバへの入力パワーをさらに大きくする必要があるが、次第にファイバヒューズのしきい値に近付いていくため、その制限により、一本の光ファイバで得られる伝送容量には限界が生じる。

このように、光ファイバの非線形光学効果の影響や、ファイバヒューズの発生を考慮すると、主に光ファイバへの入力パワーの制限により、従来のSMFを用いて現在の100倍以上の1Pbit/s級の伝送容量を得ることは不可能と考えられる。そのため、このような従来の光ファイバの限界を打破するための技術として、空間多重光伝送方式の検討が盛んとなっている。

2 空間多重光伝送方式の概要

空間多重（SDM：Space Division Multiplexing）光伝送方式は、マルチコア光ファイバ(MCF)やマルチモード光ファイバ(MMF)を用いて、「コア」や「モード」毎に独立な情報を伝送することで、一本の光ファイバで伝送できる情報容量を大幅に拡大できる技術である。

図8-2-1にSDM伝送方式に用いられる光ファイバを示す。従来の光ファイバでは、光ファイバ中に一つのコアを設け、一つのモードのみを伝送する（単一コア・単一モード）のに対し、MCFでは、複数の

コアを光ファイバ中に設ける。MCFは、コア間の干渉の有無により、結合型と非結合型に分けられる。非結合型のMCFはコア間の干渉が無視できるため、複数の光ファイバと同様に扱える。一方、結合型のMCFの場合、各コアを独立の伝送路として扱うためには、受信機でのディジタル信号処理による信号分離が不可欠となる。

一方、MMFは、コア径を単一モードファイバよりも大きくして、複数のモードが伝搬するように設計された光ファイバである。MMF自体は単一モードファイバ以前に開発され、初期の光伝送システムから用いられていたが、その際には、各モードを区別することなく、全てのモードで一種類のデータが伝送されていた。SDM伝送方式では、MMFを伝搬するモードを個別に扱い、それぞれのモードで独立なデータを伝送することで、伝送容量の拡大を図る。この場合、光ファイバ中を伝搬するモード数を10程度に制限することが多いため、数モードファイバ（FMF：Few Mode Fiber）とも呼ばれる。FMFでは、コア径や屈折率分布を適切に設定することで、所望のモードが伝搬するよう設計される。

MMFの場合、コア形状を楕円にすることでモード間の干渉を抑圧する方法もあるが、モード間干渉を抑圧可能な伝送距離に限りがあるため、その伝送距離は0.5km程度以下に制限される。通常のMMFの場合、ファイバ伝搬中のモード間結合の強弱はあるものの、その影響は避けられず、各モードで独立なデータを伝送するためには、受信機でのディジタル信号処理によるモード分離が不可欠となる。

さらに、MCFの各コアをマルチモード化したマルチモード・マルチコアファイバ（MM-MCF）もSDM伝送用の光ファイバとして用いられる。この場合、（コア数）と（モード数）の積倍の伝送容量増加が図れるため、超大容量伝送用の光ファイバとして魅力的である。

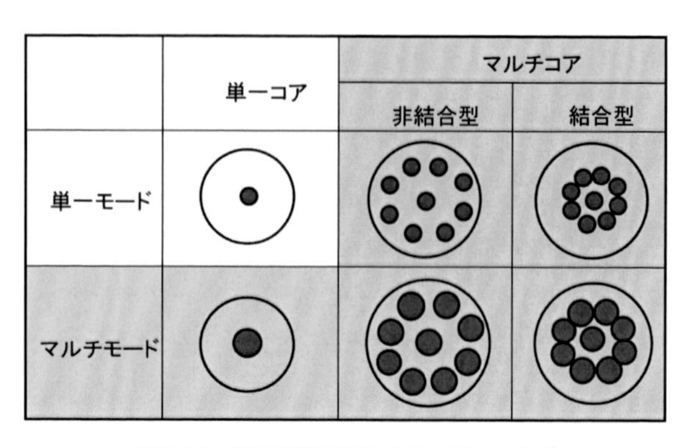

図8-2-1：SDM伝送で用いられる光ファイバ

図8-2-2にSDM伝送システムの構成を示す。MCFを用いたSDM伝送システムの送受信機では、ファンイン及びファンアウト部品により、MCFの複数コアと複数の単一コア光ファイバが光学接続される。ファンイン・ファンアウト部品（FIFO）には、利用する波長帯域全域にわたって均一な特性が求められ、ファイババンドル型[(4)]や空間結合型[(5)]、3D導波路型[(6)]等が検討されている。

一方、MMFを用いたSDM伝送システムの送信機では、モード多重器により、各モード用に用意された送信機から出力されたLP_{01}モードの信号光が異なるモード（例えば、LP_{11a}, LP_{11b}など）にそれぞれ変換された後、多重される。受信機では、モード多重器とは逆の特性を持つモード分離器により、モード多重された信号光を各モード成分に分離した後、LP_{01}モードに変換して出力される。モード多重分離器としては、フォトニックランタン型[(7)]や位相板を用いた空間光学型[(8)]、ファイバカプラ型[(9)]等が検討されている。

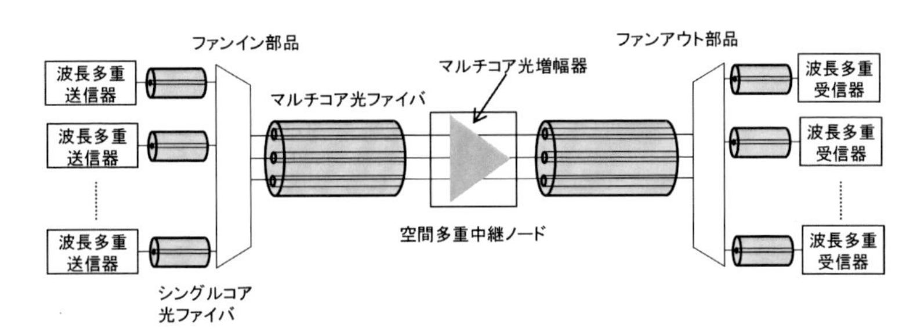

(a) MCFを用いたSDM伝送システム

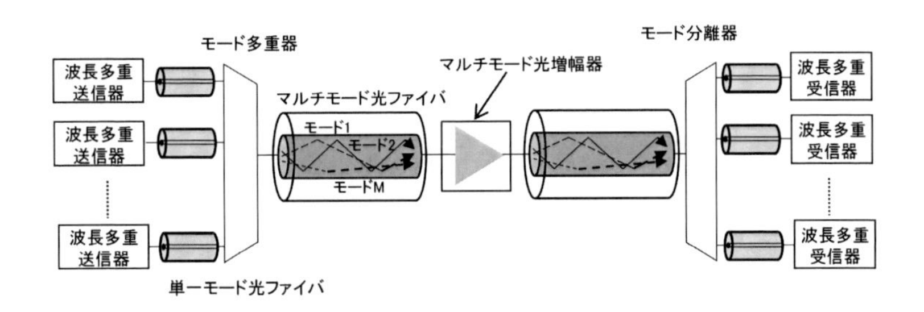

(b) MMFを用いたSDM伝送システム

図8-2-2：SDM伝送システムの基本構成

数百km以上に及ぶ基幹系伝送システムのような長距離伝送においては、光増幅器を用いた中継伝送が不可欠となる。MCF伝送システム用の光増幅器としては、複数のシングルコア光増幅器をコア毎に個別に用いる構成も可能であるが、この場合には、空間多重光伝送システムの大きなメリットの一つである省スペース化が、光増幅器の部分では図れない。そのため、MCFを用いた長距離伝送システムのメリットを最大化するためには、光増幅器もマルチコア化して、省スペース・省電力化を図ることが重要である。一方、MMF伝送システムでは、伝送に用いる全モードを均等に増幅するマルチモード光増幅器が必要となる。

図8-2-3に、これまでに報告されているMCF、MMFおよび、MM-MCFを用いた、伝送容量が10Tbit/s以上の大容量SDM伝送実験結果を示す。MCFを用いたMCF伝送では、100Tbit/sを越える大容量伝送

において、1万kmを越える長距離伝送が達成されている。MMFを用いたSDM伝送では、100Tbit/sを超える大容量伝送が達成されているが、伝送距離は1,000km程度に制限されており、さらなる伝送距離の延伸が課題である。また、MM-MCFを用いたSDM伝送では、伝送容量が10Pbit/sに達する伝送実験も報告されている(10)。

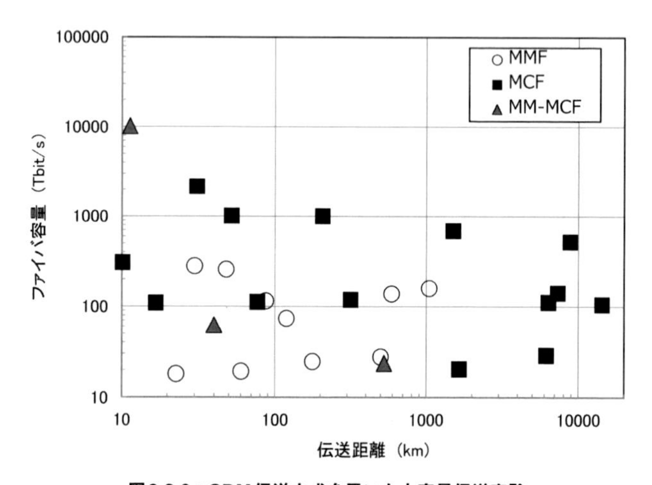

図8-2-3：SDM伝送方式を用いた大容量伝送実験

また、SDM伝送方式には、大容量化だけでなく、エネルギーの点でも利点がある。

Mチャネルの空間多重を導入する場合、同一の帯域で通信容量をM倍に増加することができるため、シャノン・ハートレーの定理から導かれる周波数利用効率の最大理論値は以下の式で表される

$$SE_{SDM}\left[\mathrm{bit/s/Hz}\right] = M\log_2\left(1+S/N\right) \qquad (8.2.1)$$

式8-1-2、式8-2-1を用いて、空間多重を行わない場合と、2チャネルおよび4チャネルの空間多重を行った場合に得られる周波数利用効率を計算した結果を**図8-2-4**に示す。

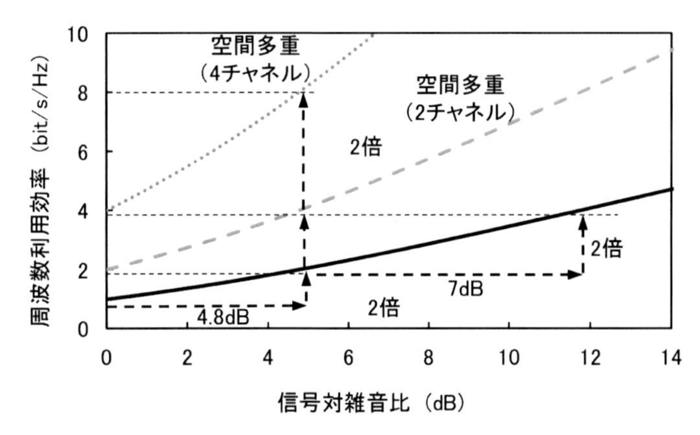

図8-2-4：信号対雑音比と周波数利用効率の関係

空間多重を行わない場合、周波数利用効率を1bit/s/Hzから2bit/s/Hzへ2倍にするためには、信号対雑音比を4.8dB増加させる必要があり、周波数利用効率を2bit/s/Hzから4bit/s/Hzへさらに2倍するためには、信号対雑音比を7dB増加させる必要がある。これは、周波数利用効率を2倍にするのに2倍以上の光信号パワーが必要であることを示しており、周波数利用効率を1bit/s/Hzから2bit/s/Hzへするのには3倍、周波数利用効率を2bit/s/Hzから4bit/s/Hzへするためには5倍の光信号パワーが必要となる。

一方、空間多重を行う場合、空間多重数だけの周波数利用効率の増加が可能であり、その際に必要となる空間チャネル当りの信号対雑音比は一定のままである。これは、光信号パワーを空間チャネル数に比例して増加させればよいことを示しており、周波数利用効率を2倍にするのに必要な光信号パワーは2倍となる。

特に、光伝送システムを大容量化する場合、所要エネルギーの増大は避けられない問題であるため、この観点からもSDM伝送方式は期待されている。

次節からは、MCF、MMF、および、MM-MCFのそれぞれを用いるSDM伝送について説明する。

3 マルチコアファイバを用いたSDM伝送

8.3.1 非結合型MCFを用いた長距離伝送

非結合型MCFを用いたSDM伝送では、コア間干渉を十分に抑圧し、各コアを独立の伝送路とみなせるようにする必要がある。大容量化のためには、MCF中のコア数を増やすことが望ましいが、コア間干渉を抑圧するのに十分なコア間間隔を保ったまま、コア数を増やすと、クラッド径を大きくしなければならない。光ファイバの機械的信頼性の観点等から、過度にクラッド径を大きくすることはできないため、コア間の間隔を小さくしても、コア間干渉を抑圧することが重要である。

その解決策の一つに、MCFへのトレンチ構造の導入がある。これは**図8-3-1**に示すように、コア部の周辺に低屈折率のトレンチ（溝）を設ける方法である。このような溝を設けることにより、信号分布をコア周辺に集中させることができ、各コアの信号の裾部分の重なりを小さくすることができ、コア間干渉を抑圧することができる。

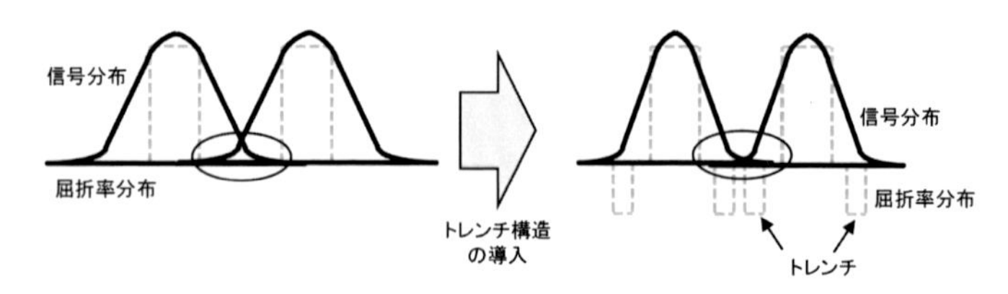

図8-3-1：トレンチ構造の導入

コア間干渉を抑圧する解決策としては、各コアの伝搬定数を不均一にする方法もある。この方法では、コア間干渉が最大となる最隣接コア同士の屈折率分布を不均一にし、伝搬定数が異なるようにする。**図8-3-2**に示すようなコア配置の12コアMCFを用いた伝送実験では、2種類のコアを用いることにより、コア間干渉が効果的に抑圧できることが報告されている(11)。

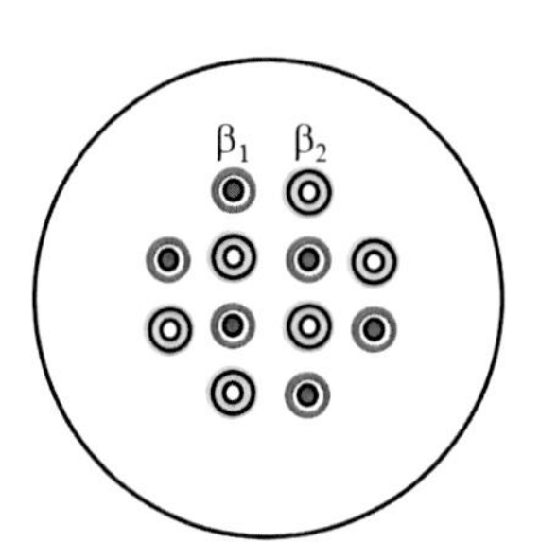

図8-3-2：不均一コアファイバ

長距離光伝送システムでは、伝送光ファイバの損失を補償するための光増幅器が不可欠である。MCF伝送システムでは、小型化、省電力化の観点から、Er添加ファイバ（EDF）をマルチコア化したマルチコア光増幅器を用いることが望ましい。マルチコア光増幅器では、マルチコアEDF（MC-EDF）にて各コアを通る光信号を増幅するが、MC-EDFへの励起光の入力方法によって二つの方式に分類される。一つはMC-EDFの各コアに対し、ファンイン／ファンアウト部品（FIFO）部品を介して個別に励起光を入力するコア個別励起型のマルチコア光増幅器（**図8-3-3（a）**）であり、もう一方は、ダブルクラッド構造のMC-EDFのクラッド部に励起光を入力することによって、複数のコアを一括で励起するクラッド一括励起型のマルチコア光増幅器（**図8-3-3（b）**）である。クラッド一括励起型マルチコア光増幅器は、全てのコアで励起光を共有するため、部品数が削減でき、構成が簡略化される利点があるが、コア毎の利得特性の制御が困難となる課題がある。一方、コア個別励起型マルチコア光増幅器は、励起用光源等の部品をコア数分用意する必要があるため、コア数が多くなる場合には、構成が複雑化するが、コア毎に利得を制御できる利点がある。

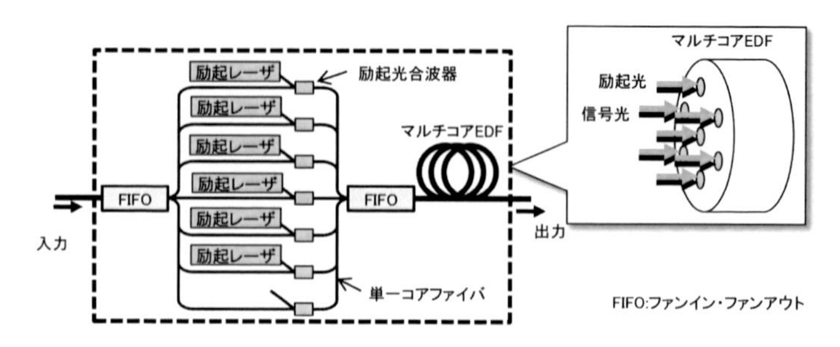

(a) コア個別励起型マルチコア光増幅器

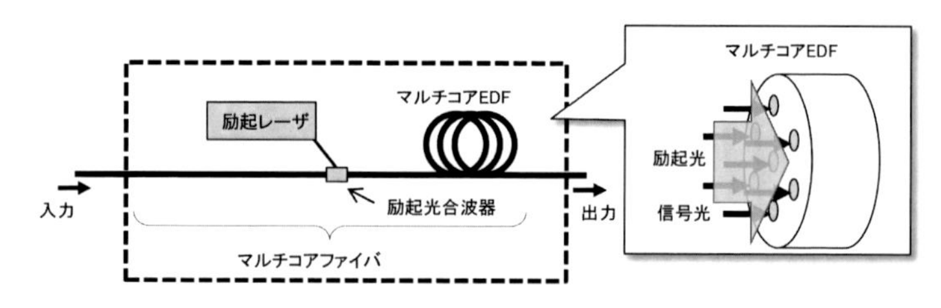

(b) クラッド一括励起型マルチコア光増幅器

図8-3-3：マルチコア光増幅器

コア個別励起型マルチコア光増幅器を用いた伝送実験では、1.03Exabit/s・kmの伝送容量距離積が達成されている[(12)]。**図8-3-4**に、その実験系を示す。スパン長が45.5kmの7コアMCFの各コアを、マルチコア光増幅器を介して接続した319kmの伝送路による周回伝送実験を行うことにより、長距離伝送特性の評価を行っている。

送信信号としては、伝送速度が120Gbit/s（シンボル速度30Gbaud）の偏波多重QPSK信号をデュオバイナリ化して帯域圧縮した光信号が用いられている。このような帯域圧縮を行うことにより,シンボル速度が30Gbaudの変調信号をシンボル速度よりも小さい25GHzの周波数間隔で波長多重している。デュオバイナリ化による受光感度の低下は,受信機での最尤系列推定を行うことで補償している。本実験では、冗長度が20%の軟判定誤り訂正符号を想定しており、そのためのオーバヘッドを除いた情報伝送速度は100Gbit/sとなる。波長多重された201チャネルの送信光信号を分波器と光スイッチを介して、MCFの各コアに入力し、光スイッチを適切に制御することで、各コアに個別の光信号を入力した状態を模擬した周回伝送実験を行っている。

伝送実験で用いられた7コアファイバにはコア間干渉を抑圧するためのトレンチ構造が導入されており、45.5kmの光ファイバのコア間干渉は全コアに対して-51dB以下となっている。**図8-3-4**には7コアファイバの断面図も示した。コア個別励起7コアEDFAは、7コアEDFを2段接続した構成となっており、コアあたり最大出力パワー23dBm、全コアにおいて5.5dB以下の雑音指数が得られている。

光受信器では、光フィルタを用いて波長多重信号の中から測定チャネルを抽出し、ディジタルコヒーレント受信器により受信される。本実験では、アナログ/ディジタル変換後のデータをいったん保存し、ディジタル信号処理はオフラインで行っている。

全チャネルについて伝送特性評価を行った結果、7,326km伝送後に誤り訂正符号のしきい値以上の伝送特性が得られることが確認されている。本伝送実験で得られた伝送容量距離積は1.03Ebit/s・km（伝送容量140Tbit/s×伝送距離7,326km）であり、1Ebit/s・kmを超える伝送容量距離積を達成した初めての伝送実験となっている。

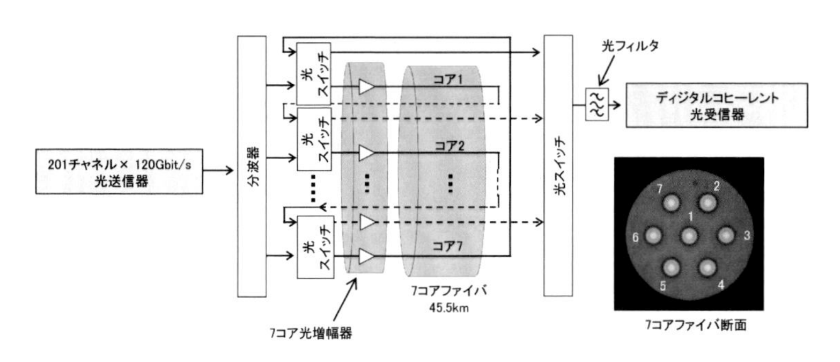

図8-3-4：コア個別励起型7コア光増幅器を用いた伝送実験系

一方、マルチコア光増幅器ではなく、複数の単一コア光増幅器を各コア用の増幅に用いたマルチコアファイバ伝送実験も報告されている(13),(14)。これらの伝送実験では、**図8-3-5**に示すように12コアMCF

が用いられており、ファンイン・ファンアウト部品により各コアの信号を単一コア光増幅器に入力し、コア毎に増幅している。この時、1台の励起用光源を12台の光増幅器で共有する構成とすることで省電力化を図っている。さらに、Cバンドを用いた伝送実験では、波長多重伝送に用いる帯域を22nm程度に制限することにより、利得等化フィルタにより削られるエネルギーを削減し、さらなる省電力化を図っている。これにより、800mWの励起用光源を1台のみ用いて12台の単一コア光増幅器を励起することが可能となり、このような中継器を用いて、105.1Tbit/sの信号を14,350km伝送可能であることが確認されている(13)。また、C+Lバンドを用いた伝送実験では、帯域を73nmまで拡大すると共に、変調信号の多値化を行うことで伝送容量を520Tbit/sまで拡大し、8,830km伝送が可能であることを確認している(14)。本伝送実験で得られた伝送容量距離積は4.59Ebit/s・kmに達し、これまでの最大となっている。

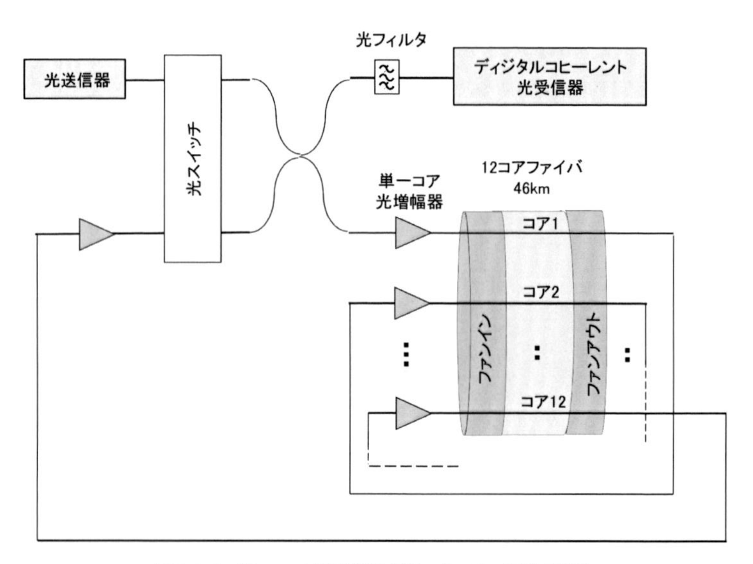

図8-3-5：単一コア光増幅器を用いたMCF伝送実験系

クラッド一括励起型マルチコア光増幅器を用いた伝送実験として

は､7コアMCFを用いた総伝送容量70Tbit/s（7コアx50波長x200Gbit/s）の伝送実験が報告されている(15)。

図8-3-6に伝送実験で用いられたクラッド一括励起型マルチコア光増幅器の構成を示す。クラッド励起を効率良く行うために7コアEDFはダブルクラッド構造になっており,石英ガラスによる第一クラッドの外側にポリマー材料による第二クラッドが設けられている。この第一クラッドに対し,マルチモードレーザより出力された波長976nmの励起光が入力されている。50mのEDFに42.3dBmの励起光を入力することで､1570nmから1610nmの波長範囲において7.5dBmの入力パワーに対し,平均利得13dB以上の利得と5.8dB以下の雑音指数が得られている(16)。

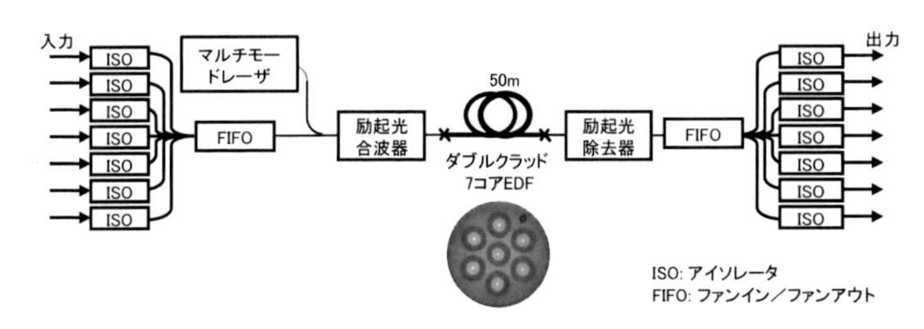

図8-3-6：クラッド一括励起型光増幅器

伝送実験は、1578.3nmから1600.5nmの波長範囲に70GHz間隔で波長多重された50チャネルの64GBaud偏波多重QPSK信号（伝送速度：256Gbit/s）を用いて行われ、40kmの7コアファイバを周回伝送することで長距離伝送評価が行われている。その結果、5,040km伝送後の全チャネルについて冗長度が25.5%の軟判定誤り訂正符号のしきい値を上回る伝送特性が得られることが確認されている。

前述の伝送実験では、MCFのコア数を増やすために、クラッド径を標準SMFの125μmよりも大きくしたMCFが用いられている。しかし、実用性を考慮すると、光ファイバのクラッド径は125μmのままとするのが好ましい。これは、仮に同一サイズの母材を用いる場合、クラッド径を通常の125μmから例えば2倍の250μmにすると、製造できる光ファイバの長さは4分の1に減少してしまうためである。また、ケーブル化に関しても、素線への着色、テープ心線化やケーブル構造への組み込み等において、光ファイバ径が同一であれば、既存設備を流用することができる。さらに、接続に関しても、MCFの接続では回転軸方向の調心が不可欠とはなるが、光ファイバ径を同一とすることにより、既存のコネクタ部材や構造をそのまま利用できる。

このような理由を背景に、MCFの早期実用化を考慮して、クラッド径を125μmとしたまま、コア数を4~5としたMCFが検討されており、異なる光ファイバメーカにより製造されたMCFを相互接続した伝送実験が行われている(17)。

本伝送実験では、光ファイバメーカ3社が同一仕様の4コアMCFを製造し、意図的に製造社が異なるMCFを相互接続して、**図8-3-7**に示すような長さが104～107kmの3つの伝送スパンを構成している。製造された4コアMCFは、カットオフ波長、モードフィールド径、曲げ損失、偏波モード分散の各パラメータについて、標準SMFの仕様を満足している。各伝送スパンの損失は、クラッド一括励起型マルチコア光増幅器で補償されている。このような全長316kmのマルチコア伝送路において、36Gbaudの偏波多重16QAM信号を37.5GHz間隔で波長多重して伝送し、全チャネル（116波長×4コア=464チャネル）において、想定した冗長度が12.75%の誤り訂正符号のしきい値以上の伝送特性が得られることを確認している。本結果より、標準クラッド径のMCFにおいて118.5Tbit/sの伝送容量が達成できることが示された。

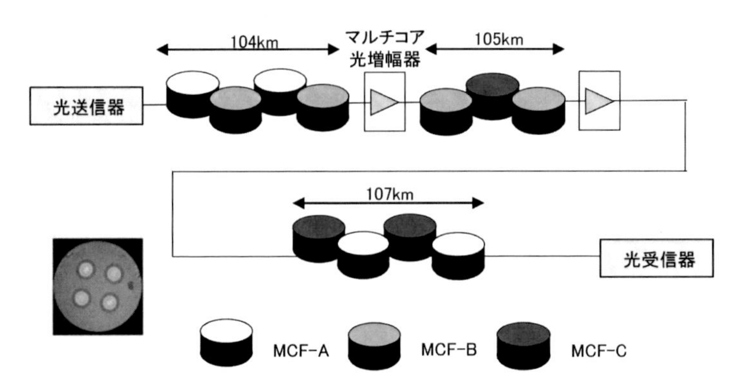

図8-3-7：4コアMCFの相互接続伝送実験

8.3.2　結合型MCFを用いた長距離伝送

結合型MCFでは、非結合型MCFのようにコア間干渉抑制を考慮してコア間間隔を大きくする必要がないため、クラッド径を大きくすることなく、コア数を増やすことができ、SDM伝送方式の利点の一つである空間利用効率の面で有利である。ただし、伝送中に発生したコア間結合の影響を除去するためには、無線システムと同様のMIMO（Multiple Input Multiple Output）信号処理が必要となる。これは、次節で述べるモード多重伝送の場合と同様であるが、結合型MCFの場合、伝搬中に発生する結合がランダムに発生するため、モード多重伝送の場合と比較し、モード間群遅延差が小さくなり、MIMO信号処理の計算負荷を小さくできる。モード間群遅延差は伝送距離と共に累積するため、海底ケーブルシステムのような長距離伝送においては、モード間群遅延差を小さくできるという特徴は特に重要となる。

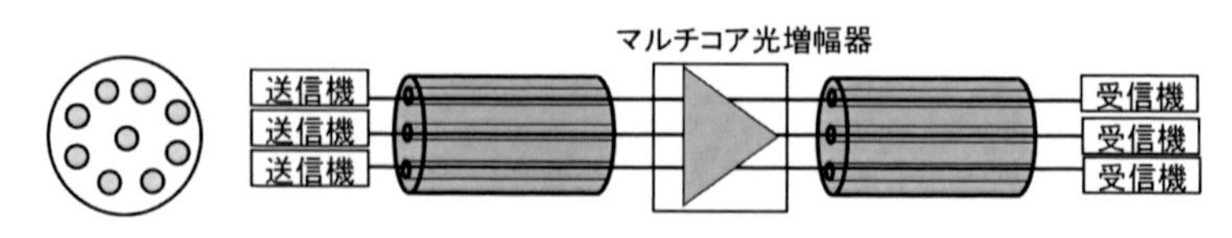

(a) 非結合型MCF伝送システム

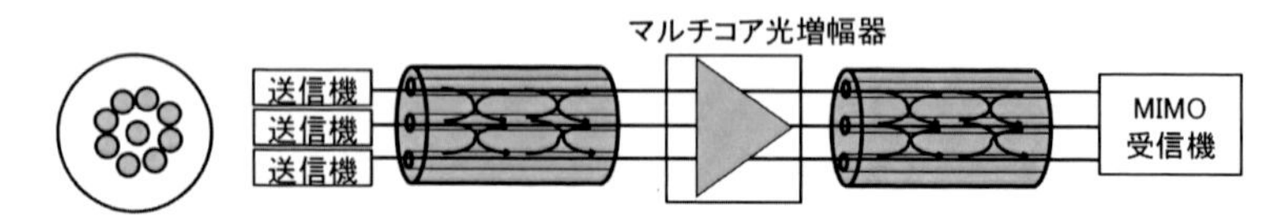

(b) 結合型MCF伝送システム

図8-3-8：MCF伝送システム

さらに、コア間干渉の抑圧を考慮する必要が無いため、単純なステップインデックス型のピュアシリカコアファイバとすることができ、Ge添加による複雑な屈折率制御が不要であるため、最近の海底ケーブルシステムに導入されている極低損失単一モードファイバと同様の低損失化が期待できる。

大洋横断級の長距離伝送における結合型MCFと従来の単一コアファイバの特性比較を行った実験が報告されている[18]。実験では、標準SMFと同一の125μmのクラッド径を有する4コアMCFと7コアMCFを試作し、120Gbit/sの偏波多重QPSK信号により実効断面積を114μm^2に拡大したSMFとの特性比較を行っている。

その結果、4コア、7コアとコア数を増加させるに従い、伝送中の非線形光学効果に対する耐力向上が確認され、7コアの結合型MCFの場合、実効断面積拡大型SMFと比較して1dB程度の特性向上が確認されている。これは、マルチコア化により、コア数分の伝送容量拡大以上の効果が得られることを示している。

本実験では、4コアMCFには8×8MIMO、7コアMCFには14×14MIMOが用いられており、その信号処理はオフラインで行われている。その実用化のためには、リアルタイム処理を行うDSP（Digital Signal Processor）の開発が不可欠となり、その実現に向けては必要となる回路規模の縮小等が重要である。

4 マルチモードファイバを用いたSDM伝送

マルチモード光増幅器では、波長多重伝送システム用の光増幅器に波長に対する利得平坦性が求められるのと同様に、全てのモードを均等に増幅することが求められる。光ファイバ中の伝搬モードの例を**図8-4-1**に示す。

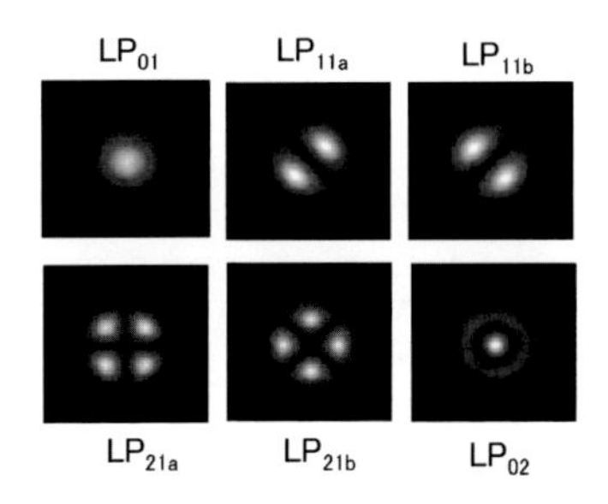

図8-4-1：伝搬モードの電界分布の例

従来の単一モード伝送システムでは、使用波長においてLP_{01}モードのみが伝搬するため、光増幅器を励起する際には、光ファイバ中心部にエネルギーが集中するLP_{01}モードのみを考慮すればよかったが、モード多重伝送では、**図8-4-1**に示すようにモード毎に電界分布が異なるため、電界分布の異なる信号を均等に増幅可能な励起方式を用いる必要がある。

MMFを用いたモード多重伝送方式は、非結合型と結合型の大きく2種類に分類されるが､楕円型コア等を用いて光ファイバ伝搬中のモード間結合を抑圧する非結合型モード多重伝送では、その伝送距離が数km程度に制限されるため、光海底ケーブルシステムを含めた基幹系長距離伝送では、結合型モード多重伝送となる。

結合型モード多重伝送方式は、モード間結合の大きさにより、**図8-4-2**に示すような強結合型と弱結合型の2つに分類される。

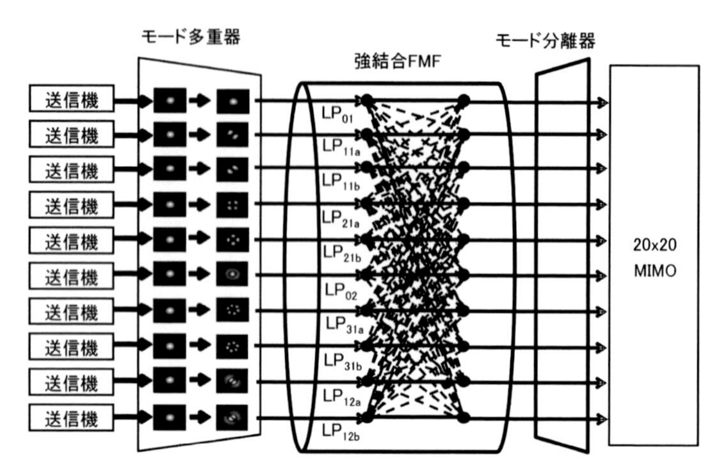

(a) 強結合型MMF伝送システム

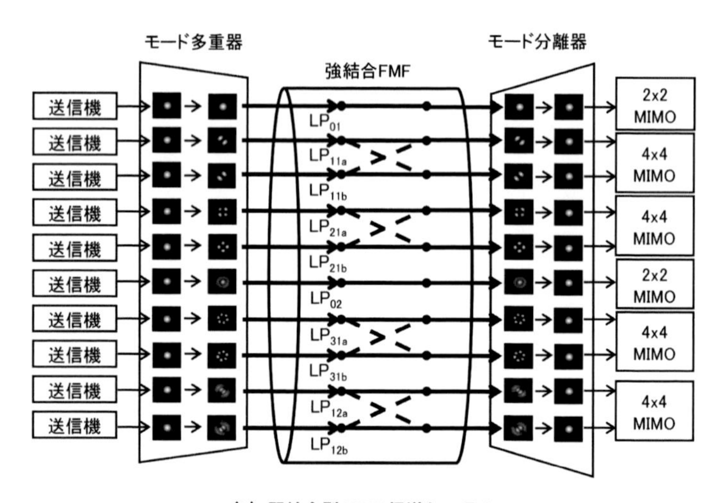

(b) 弱結合型MMF伝送システム

図8-4-2：結合型MMF伝送システム

8.4.1 強結合型モード多重伝送方式

強結合型モード多重伝送方式では、光ファイバ、光増幅器、モード多重／分離器においてモード間の結合が生じることを前提に伝送システムが設計される。伝送システム中で発生するモード間結合の影響は、前節で述べた結合型MCF伝送の場合と同様にMIMO（Multiple Input Multiple Output）信号処理を用いて抑圧されるのが一般的である。本方式では、モード間結合の大小は大きな問題とならないが、モード毎に用意する個別のコヒーレント受信器を同期させて受信させる必要があるため、モード数が多くなった場合には、その処理負荷の増大が課題となる。

特に長距離伝送では、伝送距離と共にモード間群遅延差（DMD：Differential Mode Delay）が大きくなり、同期受信のためには、その影響を抑圧する必要があり、光ファイバ伝送中のDMDの低減も課題である。DMDの低減に向けては、屈折率分布を最適化し、MMF自体のDMDを低減する手法のほかに、従来の波長多重伝送システムでの分散マネージメントと同様、**図8-4-3**に示すように正と負のDMDを有するファイバを組み合わせて用いる方法も提案されている。

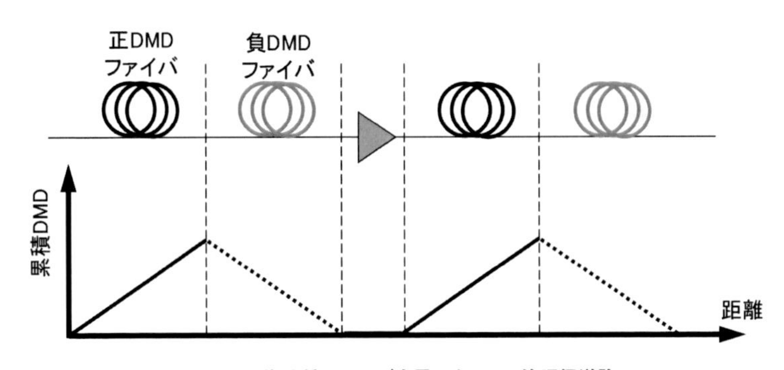

図8-4-3：複数種ファイバを用いたDMD管理伝送路

強結合型モード多重伝送方式では、これまでに最大で45モードのモード多重伝送が報告されている(19)。本実験では、グレーデッドインデックス型のMMFを用い、15Gbaudの偏波多重16QAM信号を2キャリア並べた信号を伝送速度240Gbit/sのチャネルとし、このチャネルを50GHz間隔で波長多重して26.5kmの伝送を行っている。26.5kmの伝送路は複数スプールのMMFで構成され、伝送実験で用いる全てのモードについて、DMDが100ps/km以下となるように正負の

DMDを有するスプールを組み合わせて用いられている。7%の冗長度を有する誤り訂正符号を想定しているため、20チャネルWDM伝送での総伝送容量は101Tbit/s、周波数利用効率は202bit/s/Hzが達成されている。この周波数利用効率は、標準SMFと同一の125μmのクラッド径を有する光ファイバ伝送実験において得られた最高値となっている。なお、本報告では偏波多重も併用されているため、90 × 90のMIMO信号処理が必要となるが、全チャネルを同時に受信するためのコヒーレント受信器を用意できなかったため、時間多重を併用することで、15台の受信器による同期受信を模擬している[20]。

8.4.2 弱結合型モード多重伝送方式

弱結合型モード多重伝送方式は、伝送システム中の結合を縮退モード間（例えば、LP_{11a}とLP_{11b}）に制限する方式であり、縮退モード間の結合の影響を抑圧するためにはMIMO信号処理が必要となる。しかし、その他のモード間の結合は十分に抑圧されるため、モード多重／分離器のみを用いて光学的に分離できる。そのため、必要とされるMIMO信号処理の規模は偏波多重を併用した場合でも、最大で4 × 4となり、既に商用化されている100Gbit/sディジタルコヒーレントシステムで用いられているMIMO処理からの大きな乖離はなく、ディジタル信号処理の観点でより実用的と考えられる。

弱結合型モード多重伝送方式を用いた伝送実験としては、ステップインデックス型の10モードファイバを用いた257Tbit/s伝送実験が報告されている[21]。本実験では、12Gbaudの偏波多重QPSK信号を2キャリア並べた信号を伝送速度96Gbit/sのチャネルとし、このチャネルをCバンドとLバンドにおいて25GHz間隔で波長多重して48kmの伝送を行っている。伝送路としては、コア径17μm、クラッド径125μmの10モードファイバが用いられており、モード間結合を抑圧するために、LPモード間の実効屈折率差が6×10^{-4}以上となるように設計されている。

本伝送実験では、LP_{01}、LP_{11a}、LP_{11b}、LP_{21a}、LP_{21b}、LP_{02}、LP_{31a}、

LP$_{31b}$、LP$_{12a}$、LP$_{12b}$の10モードが用いられており、空間的な位相変調と回折を繰り返し行うことで所望のモードを生成するMulti-plane Light Conversion（MPLC）技術[8]を用いたモード多重器によりモード多重／分離が行われている。

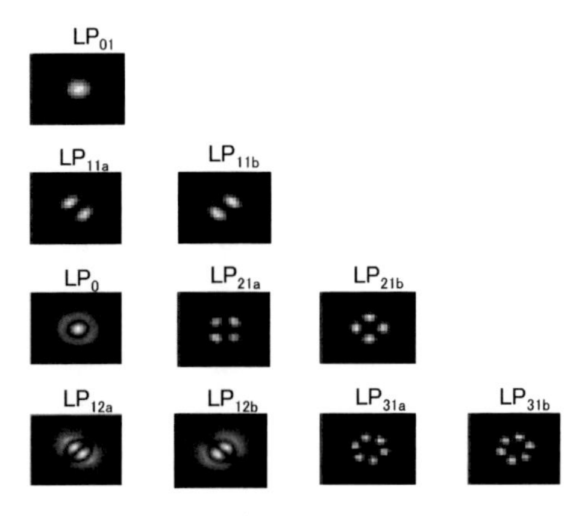

図8-4-4：弱結合10モード伝送実験で用いられたモードの電界分布

伝送後の光信号は、低次の5モード（LP$_{01}$、LP$_{11a}$、LP$_{11b}$、LP$_{21a}$、LP$_{21b}$）と、高次の5モード（LP$_{02}$、LP$_{31a}$、LP$_{31b}$、LP$_{12a}$、LP$_{12b}$）の2回に分けて、5台のディジタルコヒーレント受信器を用いて受信される。ディジタル信号処理はオフラインで行われ、縮退モードの無いLP$_{01}$/LP$_{02}$モードに対しては2×2のMIMO信号処理、それ以外のモードについては4×4のMIMO信号処理が行われている。

実験では、25.5%の冗長度を有する誤り訂正符号を想定しているため、336チャネルWDM伝送において総伝送容量257Tbit/s、周波数利用効率31bit/s/Hzが達成されている。

5　マルチコア・マルチモードファイバを用いたSDM伝送

マルチコア・マルチモードファイバ（MM-MCF）は、MCFの各コアをマルチモード化したものであり、その空間多重数は「コア数」と

「モード数」の積となるため、大容量化を図るための有効な手段である。**図8-5-1**に、SDM伝送で用いられている光ファイバの空間多重数を示す。MCFおよびMMFを用いた場合に得られる空間多重数は30～40であるのに対し、両者を組み合わせたMM-MCFを用いることで、空間多重数が100を超える光ファイバが実現されている。

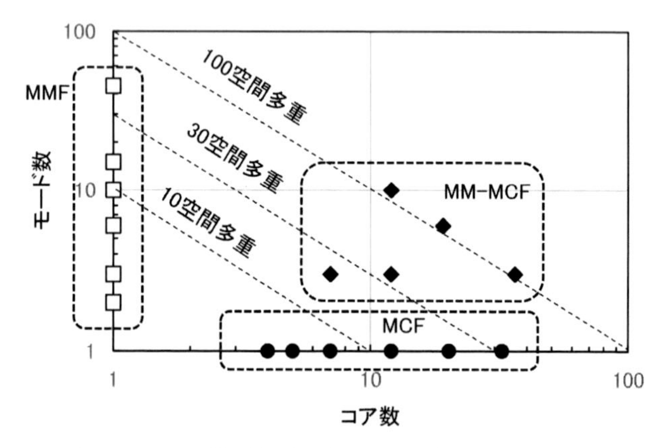

図8-5-1：SDM伝送で用いられた光ファイバのコア数とモード数

図8-5-2に代表的な大容量伝送実験で得られた周波数利用効率と伝送容量を示す。従来のSMFを用いた伝送実験では、10bit/s/Hzを越える周波数利用効率が得られており、その最大値は確率的整形（PS：Probabilistic Shaping）が施された偏波多重4096QAM信号を用いた伝送実験で報告されている17.3bit/s/Hzである[22]。MCFやMMFでは30~40の空間多重数が得られるが、SDM化によるペナルティもあるため、それらを用いた伝送実験では「SMFでの最高周波数利用効率（17.3bit/s/Hz）」と「空間多重数（30～40）」の積の1/2～1/3の約200bit/s/Hzの周波数利用効率が得られている。MM-MCFでは100を超える空間多重数が得られるため、1000bit/s/Hzを超える周波数利用効率が得られている。光ファイバ通信で広く用いられているCバンドとLバンドの帯域の合計は約10THzであるため、1000bit/s/Hzの周波数利用効率が得られれば、10Pbit/sの伝送容量が得られる。

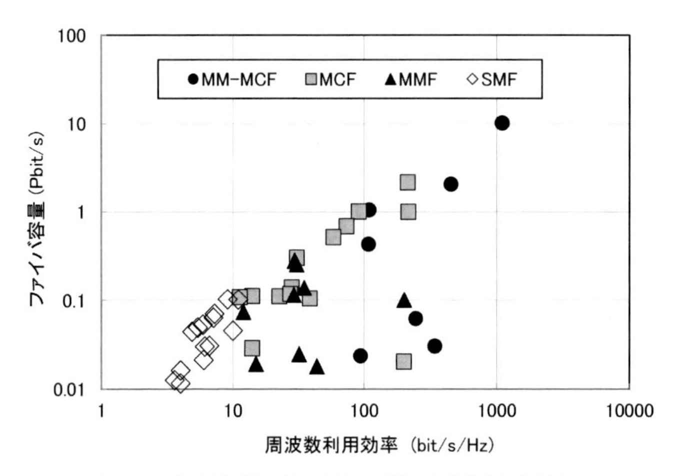

図8-5-2：大容量伝送実験における周波数利用効率と伝送容量

図8-5-3にMM-MCFを用いたSDM伝送システムの構成例を示す。この例は、Xチャネルの波長多重光信号をNモードMコアファイバで伝送する場合を示している。送信機では波長多重、モード多重、コア多重の順に光信号が多重されていく。受信機では送信機とは逆にコア分離、モード分離、波長分離の順に信号分離が行われる。ただし、モード多重伝送が結合型の場合には、モード分離器のみによる光学的分離はできないため、MIMO信号処理も必要となる。モード間だけでなく、MCFのコア間も結合型とする場合も考えられるが、計算処理が莫大となるため、コア間は非結合とするのが一般的である。

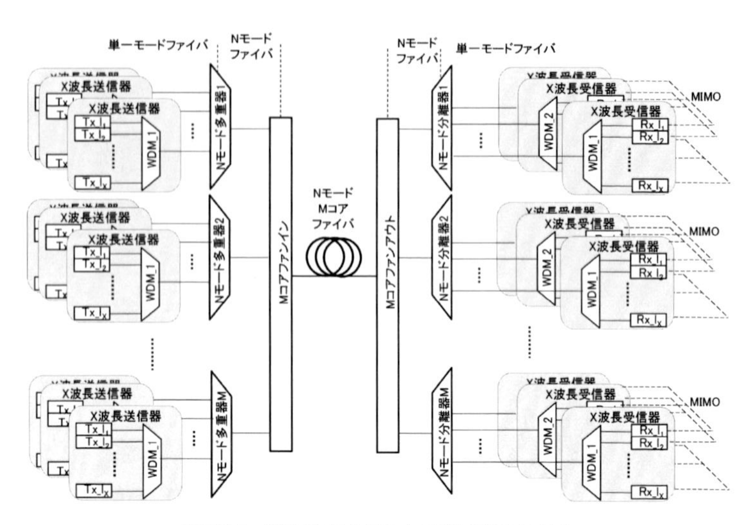

図8-5-3：MM-MCFを用いたSDM伝送システム

SDM伝送システムでは、「波長多重数」と「空間多重数」の積分のトランスポンダが必要となる。MM-MCF伝送により空間多重数を100以上に増加させた場合、従来のWDMシステムと同様に100チャネル程度の波長多重とすると、必要となるトランスポンダは1万台以上となる。そのため、スペースや消費電力の観点から、送受信機の集約・集積化が非常に重要となる。

これまでに、100を超える空間多重数は、3モード36コアファイバ（空間多重数：108）(23)、6モード19コアファイバ（空間多重数：114）(24),(25)、および10モード12コアファイバ（空間多重数：120）(26)で実現されている。この中の6モード19コアファイバを用いた伝送実験では、1本の光ファイバでの最大伝送容量となる10Pbit/s伝送が達成されている(10)。

本伝送実験に用いられた6モード19コアファイバの断面写真と屈折率分布を**図8-5-4**に示す。この光ファイバのコア直径は18.4μm、コア間隔は約51μm, クラッド直径は267μmであり、トレンチ構造を設けることにより、11.3kmの19コアファイバのコア間干渉は-50dB以下に抑圧されている。また、コア部分の屈折率分布はLP_{01}、LP_{11a}、LP_{11b}、

LP_{02}、LP_{21a}、LP_{21b} の6モードが伝搬するようにグレーデッドインデックス型で設計され、DMDは0.481ns/km以下に抑圧されている。

本実験では、12Gbaudの偏波多重64QAM信号または16QAM信号をCバンドおよびLバンドにおいて12.5 GHz間隔で多重し、11.3kmの伝送を行っている。739チャネルの波長多重信号の内、最短波長及び最長波長周辺の67チャネルは、送受信器で用いた光増幅器の利得不足などにより十分な信号対雑音比が確保できないため、64QAM信号ではなく16QAM信号が用いられている。

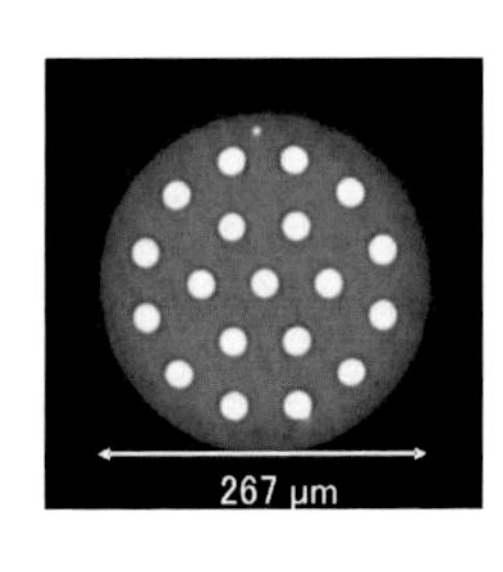

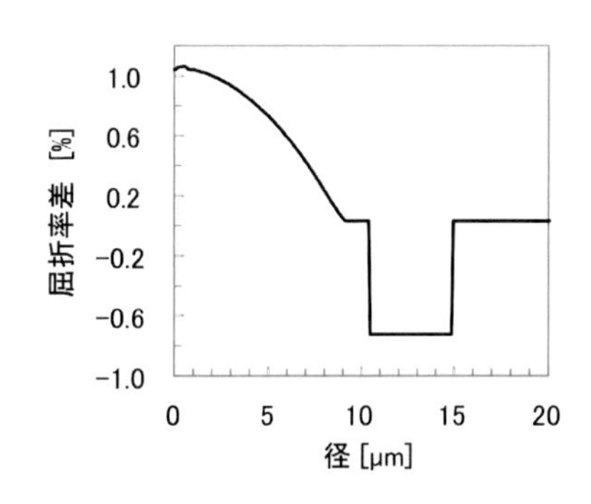

図8-5-4：10Pbit/s伝送実験に用いられた6モード19コアファイバの断面写真と屈折率分布

また、誤り訂正符号に関しては、3種類の冗長度の符号（冗長度12.75%、20%、25.5%）を用意し、信号の伝送特性に応じて最適な誤り訂正符号を選択することが想定されている。

このように伝送信号の特性に応じて、最適な変調方式と誤り訂正符号を選択することにより、739チャネル×19コア×6モードの全84,246チャネルについて、誤り訂正符号のしきい値を上回る信号特性が得られることが確認され、ファイバ容量10.16 Pbit/sと周波数利用効率1099.9 bit/s/Hzが達成されている。本結果は、従来の最大伝送容量を5倍以上に更新するものであり、光通信の伝送容量が「京（10ペタビット／秒)」の時代に到達したことを示している。

EXAT研究会

世界に先駆けて、従来光ファイバの限界を打破する革新技術の必要性を提言し、SDM伝送方式の研究開発を先導したのは「光通信インフラの飛躍的な高度化に関する研究会（EXAT：EXtremely Advanced Transmission Technologies)」と言える。本研究会は、情報通信研究機構（NICT）の呼びかけにより2008年1月に発足し、2010年4月からは電子情報通信学会の時限研究専門委員会（2018年からは特別研究専門委員会）となった。筆者の鈴木、森田は本研究会の設立当初から主要メンバとして参加している。本研究会には、NTTとKDDI、住友電工、フジクラ、古河電工等のファイバメーカのように、ビジネスにおいては競合関係にある機関の研究者も参加して研究開発を推進してきた。研究会の設立直後に実施された秋保温泉での合宿は、いろいろな立場のメンバの一体感を醸成するのに大きな役割を果たした。合宿にはNICT、大学、企業から総勢20名以上が参加し、夜を徹した議論をきっかけに生み出されたアイデアもある。

本研究会は、技術革新のためのキー技術として、マルチレベル（多値）変調、マルチコアファイバ、マルチモード制御の「3M技術」を提唱したが、当初はマルチコアファイバやマルチモードファイバを用いた空間多重伝送の実現性を疑問視する声も多かった。しかし、現在では、国内だけでなく海外の多数の研究機関も研究開発を精力的に行っており、OFCやECOC等の主要国際会議では空間多重伝送に関連するセッションが多数を占めている。また、本研究会からは複数の国家プロジェクトも立ち上がり、その中で実施されたMCFの相互接続実験では、従来では考えられなかった、NTTの研究者と共著で伝送実験の論文を発表する機会も得た（【参考文献(17)】）。

【参考文献】

(1) R-J. Essiambre, G. Kramer, P. Winzer, G. Foschini, B. Goebel, "Capacity Limits of Optical Fiber Networks," IEEE Journal of Technol., Vol. 28, No. 4, pp.662-701（2010）.

(2) 轟 眞市、ファイバフューズの伝搬モードと伝搬しきい値、電子情報通信学会論文誌 B Vol. J96–B No. 3 pp. 243–248（2013）.

(3) A. Sano, H. Masuda, T. Kobayashi, M. Fujiwara, K. Horikoshi, E. Yoshida, Y. Miyamoto, M. Matsui, M. Mizoguchi, H. Yamazaki, Y. Sakamaki and H. Ishii, "69.1-Tb/s（432 x 171-Gb/s）C- and Extended L-Band Transmission over 240 km Using PDM-16-QAM Modulation and Digital Coherent Detection," OFC/NFOEC2010, PDPB7（2010）.

(4) K. Watanabe, T. Saito, K. Imamura, M. Shiino, "Development of Fiber Bundle Type Fan-out

for Multicore Fiber., OECC2012, 5C1-2（2012）.
(5) Y. Tottori, T. Kobayashi, and M. Watanabe, "Low Loss Optical Connection Module for Seven-Core Multicore Fiber and Seven Single-Mode Fibers," IEEE Photon. Technol. Lett. Vol. 24, pp.1926-1928（2012）
(6) P. Mitchell, G. Brown, R. Thomson, N. Psaila, A. Kar, "57 Channel（19x3）Spatial Multiplexer Fabricated using Direct Laser Inscription, OFC2014, M3K.5（2014）.
(7) N. Fontaine, R. Ryf, J. Bland-Hawthorn, and S. Leon-Saval, "Geometric requirements for photonic lanterns in space division multiplexing," Opt. Express, vol. 20, No.24, pp.27123-27132（2012）.
(8) G. Labroille, B. Denolle, P. Jian, P. Genevaux, N. Treps, J-F Morizur, "Efficient and mode selective spatial mode multiplexer based on multi-plane light conversion" Opt. Express, vol.22, No.13, pp.15599-15607（2014）.
(9) K. Igarashi, Y. Wakayama, D. Soma, T. Tsuritani I. Morita, K.Park, J. Ko, B. Kim, "Low-loss and Low-crosstalk All-fiber-based Six-mode Multiplexer and Demultiplexer for Mode-Multiplexed QAM Signals in C-band," OFC2018, Th1K.3（2018）.
(10) D. Soma, Y. Wakayama, S. Beppu, S. Sumita, T. Tsuritani,.T..Hayashi, T. Nagashima, M. Suzuki, H. Takahashi,.K. Igarashi, I. Morita, M. Suzuki, "10.16 Peta-bit/s Dense SDM/WDM transmission over Low-DMD 6-Mode 19-Core Fibre across C+L Band" ECOC2017, Th.PDP.A.1（2017）.
(11) T. Mizuno, K. Shibahara, F. Ye, Y. Sasaki, Y. Amma, K. Takenaga, Y. Jung, K. Pulverer, H. Ono, Y. Abe, M. Yamada, K. Saitoh, S. Matsuo, K. Aikawa, M. Bohn, D. Richardson, Y. Miyamoto, Toshio Morioka, "Long-Haul Dense Space-Division Multiplexed Transmission Over Low-Crosstalk Heterogeneous 32-Core Transmission Line Using a Partial Recirculating Loop System," IEEE Journal of Technol., vol. 35, No. 3, pp.488-498（2017）.
(12) K. Igarashi, T. Tsuritani, I. Morita, Y. Tsuchida, K. Maeda, M. Tadakuma, T. Saito, K. Watanabe, K. Imamura, R. Sugizaki, and M. Suzuki, "1.03-Exabit/s・km Super-Nyquist-WDM transmission over 7,326-km seven-core fiber," ECOC2013, PD3.E.3（2013）.
(13) O. Sinkin, A. Turukhin, Y. Sun, H. Batshon, M. Mazurczyk, C. Davidson, J. Cai, W. Patterson, M. Bolshtyansky, D. Foursa, and A. Pilipetskii, "SDM for Power-Efficient Undersea Transmission," IEEE Journal of Technol., Vol. 36, No. 2, pp.361-371（2018）.
(14) A. Turukhin, H. Batshon, M. Mazurczyk, Y. Sun, C. Davidson, J.-X. Cai, O.V. Sinkin, W. Patterson, G. Wolter, M. Bolshtyansky, D. Foursa, A. Pilipetskii, "Demonstration of 0.52 Pb/s Potential Transmission Capacity over 8,830 km using Multicore Fiber," ECOC2016, Tu.1.D.3（2018）.
(15) Y. Kawaguchi and T. Tsuritani, "Ultra-Long-Haul Multicore Fiber Transmission over 5,000 km using Cladding Pumped Seven-Core EDFA," OECC2017, 3-1K-3（2017）.
(16) Y. Tsuchida, K. Maeda, K. Watanabe, K. Takeshima, T. Sasa, T. Saito, S. Takasaka, Y. Kawaguchi, T. Tsuritani and R. Sugizaki, "Cladding Pumped Seven-Core EDFA Using an Absorption-Enhanced Erbium Doped Fibre," ECOC2016, M2A2（2016）.
(17) T. Matsui, T. Kobayashi, H. Kawahara, E. L. T. de Gabory, T. Nagashima, T. Nakanishi, S. Saitoh, Y. Amma, K. Maeda, S. Arai, R. Nagase, Y. Abe, S. Aozasa, Y. Wakayama, H. Takeshita, T. Tsuritani, H. Ono, T. Sakamoto, I. Morita, Y. Miyamoto and K. Nakajima, "118.5 Tbit/s Transmission over 316 km-Long Multi-Core Fiber with Standard Cladding Diameter," OECC2017, PDP-2（2017）.
(18) R. Ryf, J. Alvarado-Zacarias, S. Wittek, N. Fontaine, R. Essiambre, H. Chen, R. Amezcua-

Correa, H. Sakuma, T. Hayashi, T. Hasegawa, "Coupled Core Transmission with 7-core fiber," OFC2019, Th4B.3, (2019).

(19) R. Ryf, N. Fontaine, S. Wittek, K. Choutagunta, M. Mazur, H. Chen, J. Alvarado-Zacarias, R. Amezcua-Correa, M. Capuzzo, R. Kopf, A. Tate, H. Safar, C. Bolle, D. Neilson, E. Burrows, K. Kim, M. Bigot-Astruc, F. Achten, P. Sillard, A. Amezcua-Correa, J. Kahn, J. Schroder, J. Carpenter, "High-Spectral-Efficiency Mode-Multiplexed Transmission over Graded-Index Multimode Fiber," ECOC2018, Th3B.1 (2018).

(20) R. van Uden, C. M. Okonkwo, H. Chen, H. de Waardt, and A. Koonen. "Time domain multiplexed spatial division multiplexing receiver," Optics express, vol. 22, no. 10, pp. 12668–12677 (2014).

(21) D. Soma, 257-Tbit/s Partial MIMO-based 10-Mode C+L-band WDM Transmission over 48-km FMF", ECOC2017, M.2.E.3 (2017).

(22) S. Olsson, J. Cho, S. Chandrasekhar, X. Chen, E. Burrows, P. Winzer, "Record-High 17.3-bit/s/Hz Spectral Efficiency Transmission over 50 km Using Probabilistically Shaped PDM 4096-QAM," OFC2018, Th4C.5 (2018).

(23) J. Sakaguchi, W. Klaus, J. Mendinueta, B. Puttnam, R. Luís, Y. Awaji, N. Wada, T. Hayashi, T. Nakanishi, T. Watanabe, Y. Kokubun, T. Takahata, T. Kobayashi, "Large Spatial Channel (36-Core × 3 mode) Heterogeneous Few-Mode Multicore Fiber," J. Lightwave Technology, vol. 34, no. 1, pp. 93–103 (2016).

(24) T. Hayashi, T. Nagashima, K. Yonezawa, Y. Wakayama, D. Soma, K. Igarashi, T. Tsuritani, T. Sasaki, "6-Mode 19-core fiber for weakly-coupled mode-multiplexed transmission over uncoupled cores," OFC2016, W1F.4 (2016).

(25) T. Sakamoto, T. Matsui, K. Saitoh, S. Saitoh, K. Takenaga, T. Mizuno, Y. Abe, K. Shibahara, Y. Tobita, S. Matsuo, K. Aikawa, S. Aozasa, K. Nakajima, Y. Miyamoto, "Low-Loss and Low-DMD 6-Mode 19-Core Fiber With Cladding Diameter of Less Than 250 μm," J. Lightwave Technology, vol. 35, no. 3, pp. 443–449 (2017).

(26) T. Sakamoto, K. Saitoh, S. Saitoh, Y. Abe, K. Takenaga, A. Urushibara, M. Wada, T. Matsui, K. Aikawa, K. Nakajima, "120 Spatial Channel Few-mode Multi-core Fibre with Relative Core Multiplicity Factor Exceeding 100," ECOC2018, We3E.5 (2018).

あとがき

本書では、今日の情報化社会の進展に大きく貢献している光ファイバ通信技術に関して、特にグローバルスケールでの基幹インフラである光海底ケーブルシステムで用いられている長距離光ファイバ通信技術をまとめた。記載内容の多くは、KDD研究所から現在のKDDI総合研究所において、過去30年以上の期間に、多くの研究者、開発者により実施されたものである。

海底ケーブルに光通信技術が導入されたのは、平成元年（TPC-3：1989年）であり、奇しくも令和元年に出版された本書には、平成時代に研究開発されたほぼ全ての技術が集約されている。

前半では、時代とともに開拓された革新技術とそれにより実用システムがどのように進化したかが記載されている。後半には、令和時代の若い研究者へ向けて、最新の光海底ケーブル（FASTER：2016年）に導入されたディジタルコヒーレント通信技術を発展させるための先端技術や、更に10年後以降に光インフラを飛躍的に大容量化するための空間多重光伝送技術を記載した。

最後に、KDDIの関係各位、海外を含む共同研究者、メーカの共同開発者、学会関係の方々に加えて、執筆者らの研究開発を支えてくれた家族に感謝する。

索　引

【M】

【N】

【O】

【P】

【Q】

【R】

【T】

【U】

【こ】

【さ】

【し】

【す】

【ふ】

<著者紹介>

鈴木　正敏（すずき　まさとし）

㈱KDDI総合研究所主席研究員、（公財）KDDI財団理事長

1984年北海道大学大学院博士課程修了。工学博士。国際電信電話㈱入社。KDDIフェロー、㈱KDDI研究所取締役副所長を経て現職。その間、高速光デバイス、光通信システム、光ネットワークの研究開発に従事。電子情報通信学会、Institute of Electrical and Electronics Engineers（IEEE）、The Optical Society（OSA）各フェロー。IEEE Photonic Society理事、電子情報通信学会監事。紫綬褒章、文部科学大臣表彰、電子情報通信学会功績賞など受賞。

森田　逸郎（もりた　いつろう）

㈱KDDI総合研究所執行役員

1992年東京工業大学大学院修士課程修了。国際電信電話㈱入社。1994年より同社研究所（現㈱KDDI総合研究所）勤務。以来、長距離大容量光伝送システムの研究開発に従事。1998～1999年米国スタンフォード大学客員研究員。工学博士。先端技術大賞経済産業大臣賞、前島密賞、市村産業賞などを受賞。

秋葉　重幸（あきば　しげゆき）

東京工業大学特任教授

1976年東京工業大学大学院修士課程修了。国際電信電話㈱（KDD）入社。米国マサチューセッツ工科大学留学・米国インテルサット勤務などを経た後、大容量光海底ケーブルシステムの開発に従事。KDDI海底ケーブルシステム㈱代表取締役社長、㈱KDDI研究所代表取締役所長、KDDI㈱執行役員、東京工業大学連携教授などを歴任。電子情報通信学会論文賞・業績賞・功績賞、紫綬褒章などを受賞。

長距離光ファイバ通信システム

大洋横断伝送に焦点をあてた

高速・大容量化技術の進化と将来展望

定価（本体2,800円+税）

2019年７月10日　第１版第１刷発行
2023年５月16日　第１版第２刷発行

著　者　鈴木 正敏、森田 逸郎、秋葉 重幸

発行所　㈱オプトロニクス社

〒162-0814
東京都新宿区新小川町5-5 サンケンビル1F
Tel.03-3269-3550　㈹ Fax.03-3269-2551
E-mail：editor@optronics.co.jp（編集）
booksale@optronics.co.jp（販売）
URL：http://www.optronics.co.jp

印刷所　大東印刷工業㈱

ISBN978-4-902312-60-7 C3055 ¥2800E